U0662171

电网企业
一线员工 作业一本通

智能变电站继电保护现场调试

国网浙江省电力公司　组编

中国电力出版社
CHINA ELECTRIC POWER PRESS

内 容 提 要

本书为"电网企业一线员工作业一本通"丛书之《智能变电站继电保护现场调试》分册，着重围绕现场调试工作基础、智能变电站二次构成、系统组态、设备单体调试、保护设备整组联动、整站通流通压试验、投产试验、工器具使用介绍等方面，对智能化变电站继电保护调试关键环节及注意事项进行阐述，具备一定的指导现场调试工作开展的实用性。

本书供智能变电站现场继电保护调试一线员工自学使用。

图书在版编目（CIP）数据

智能变电站继电保护现场调试/国网浙江省电力公司组编. —北京：中国电力出版社，2016.12（2018.11重印）
（电网企业一线员工作业一本通）
ISBN 978-7-5123-9711-8

Ⅰ.①智… Ⅱ.①国… Ⅲ.①智能系统—变电所—继电保护—研究 Ⅳ.①TM63-39②TM77-39

中国版本图书馆CIP数据核字（2016）第203425号

中国电力出版社出版、发行
（北京市东城区北京站西街19号 100005 http://www.cepp.sgcc.com.cn）
北京九天众诚印刷有限公司印刷
各地新华书店经销
*
2016年12月第一版　　2018年11月北京第三次印刷
787毫米×1092毫米　　32开本　　5.25印张　　127千字
定价**27.00**元

版 权 专 有　侵 权 必 究

编 委 会

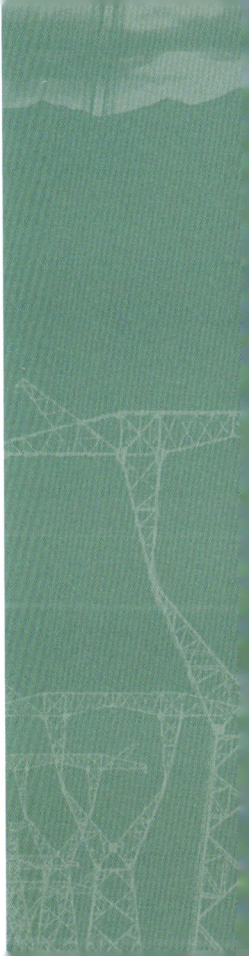

编　写　组

组　长　赵水忠

副组长　汪卫东　　钱建国

成　员　魏　强　　朱雷鹤　　谭小兵　　徐文哲　　林中时　　楼凤丹

　　　　　徐灵江　　占刚强　　盛宏伟　　吴继顺　　斯扬华　　王俊康

　　　　　居福豹　　俞林广　　张　盛　　王涛涛　　刘叶杰　　唐林志

丛书序

　　国网浙江省电力公司正在国家电网公司领导下，以"两个率先"的精神全面建设"一强三优"现代公司。建设一支技术技能精湛、操作标准规范、服务理念先进的一线技能人员队伍是实现"两个一流"的必然要求和有力支撑。

　　2013年，国网浙江省电力公司组织编写了"电力营销一线员工作业一本通"丛书，受到了公司系统营销岗位员工的一致好评，并形成了一定的品牌效应。2016年，国网浙江省电力公司将"一本通"拓展到电网运检、调控业务，形成了"电网企业一线员工作业一本通"丛书。

　　"电网企业一线员工作业一本通"丛书的编写，是为了将管理制度与技术规范落地，把标准规范整合、"翻译"成一线员工看得懂、记得住、可执行的操作手册，以不断提高员工操作技能和供电服务水平。丛书主要体现了以下特点：

　　一是内容涵盖全，业务流程清晰。其内容涵盖了营销稽查、变电站智能巡检机器人现场运维、特高压直流保护与控制运维等近30项生产一线主要专项业务或操作，对作业准备、现场作业、应急处理等事项进行了翔实描述，工作要点明确、步骤清晰、流程规范。

二是标准规范，注重实效。书中内容均符合国家、行业或国家电网公司颁布的标准规范，结合生产实际，体现最新操作要求、操作规范和操作工艺。一线员工均可以从中获得启发，举一反三，不断提升操作规范性和安全性。

　　三是图文并茂，生动易学。丛书内容全部通过现场操作实景照片、简明漫画、操作流程图及简要文字说明等一线员工喜闻乐见的方式展现，使"一本通"真正成为大家的口袋书、工具书。

　　最后，向"电网企业一线员工作业一本通"丛书的出版表示诚挚的祝贺，向付出辛勤劳动的编写人员表示衷心的感谢！

国网浙江省电力公司总经理　肖世杰

前　言

为全面践行国家电网公司"四个服务"的企业宗旨，进一步强化电力调度控制基层班组的基础管理，提高电力调度控制基层员工的基本功，提升电网服务水平，国网浙江省电力公司组织来自电力调度控制各岗位的基层管理者和业务技术能手，本着"规范、统一、实效"的原则，编写了"电网企业一线员工作业一本通"丛书中的调度控制专业系列分册，包括《继电保护整定计算》《电网典型故障诊断与处理》《智能变电站继电保护现场调试》《智能变电站继电保护现场验收》《变电站监控信息现场验收》《智能变电站监控系统检修》《智能变电站监控系统现场验收》《配网抢修指挥》《特高压直流保护与控制系统运维》。

调度控制专业系列分册的编写遵循有关法律、法规、规章、制度、标准、规程等的要求，紧扣调度控制实际工作，全面体现电力调度控制各岗位的工作特点，充分体现图文并茂、通俗易懂、方便自学的编写原则，易于现场人员掌握。

本书为《智能变电站继电保护现场调试》分册，围绕现场调试工作基础、智能变电站二次构成、系统组态、设备单体调试、保护设备整组联动、整站通流通压试验、投产试验、工器具使用介绍等方面，对智能化变电站继电保护调试关键环节及注意事项进行

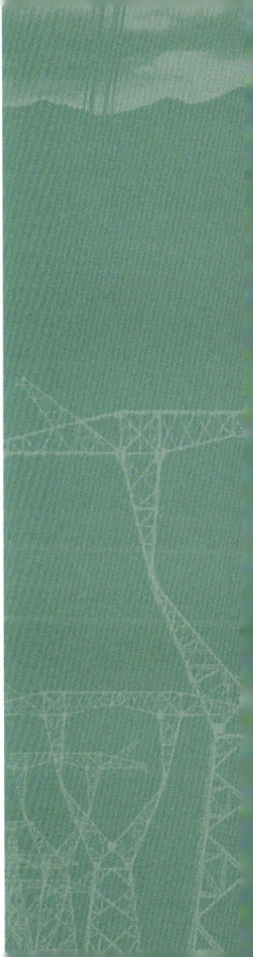

阐述，对指导现场调试工作的开展具有较强的实用性。

在本书编写过程中，编写组一边编写一边现场调研和实践、优化现场调试流程及内容，梳理改编原有变电站调试工序工艺手册，形成适用于智能变电站的标准工艺和标准报告。同时，编写过程中大量征求运行检修单位专家意见建议，使得现场调试内容更具针对性。本书的编写得到了国网浙江电力调度控制中心多位专家的大力支持，在此谨向参与本书编写、研讨、审稿、业务指导的各位领导、专家和有关单位致以诚挚的感谢！

由于编者水平有限，疏漏之处在所难免，敬请读者提出宝贵意见。

本书编写组

2016年7月

目　录

Part 8　工器具使用介绍篇 ·································· **121**

一 概述

　　本书供智能变电站继电保护现场调试一线员工自学使用，对智能变电站继电保护调试关键环节及注意事项进行阐述。

> 智能变电站（smart substation）定义
> 　　采用先进、可靠、集成、低碳、环保的智能设备，以全站信息数字化、通信平台网络化、信息共享标准化为基本要求，自动完成信息采集、测量、控制、保护、计量和监测等基本功能，并可根据需要支持电网实时自动控制、智能调节、在线分析决策、协同互动等高级功能的变电站。

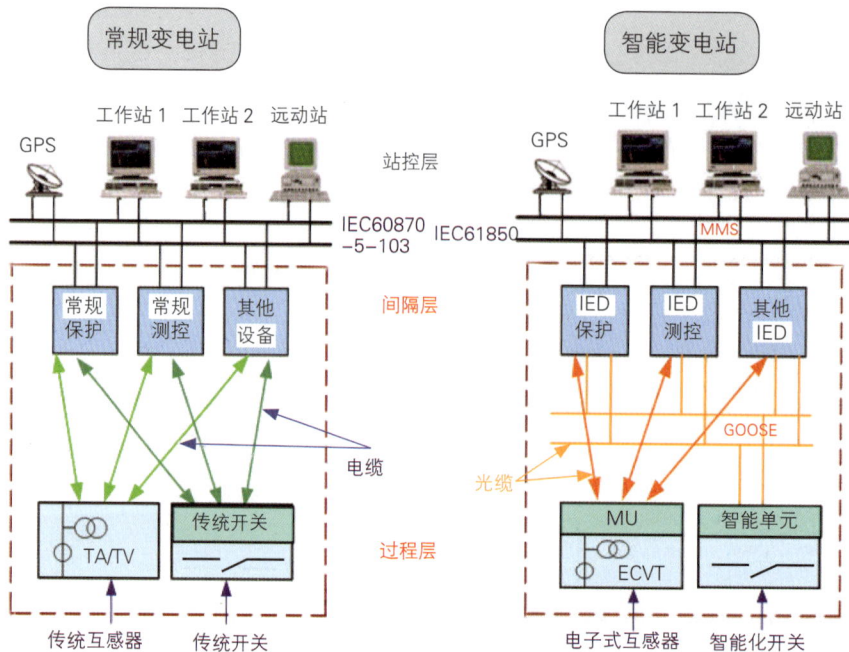

常规变电站

智能变电站

工作站1 工作站2 远动站

GPS

站控层

IEC60870 -5-103

IEC61850

MMS

间隔层

| 常规保护 | 常规测控 | 其他设备 |

| IED保护 | IED测控 | 其他IED |

GOOSE

电缆

光缆

过程层

TA/TV

传统开关

MU

ECVT

智能单元

传统互感器

传统开关

电子式互感器

智能化开关

智能变电站与常规变电站的比对

二 调试内容

　　智能变电站继电保护现场调试范围主要包括 SCD 组态及下装、装置调试、网络测试、整组联动、GOOSE 二维表验证、保护子站调试、全站通流通压、投产试验等。本书视现场调试之前设备已经通过工厂联调检验。

> **全站系统配置文件**（substation configuration description，SCD）：
> 　　全站唯一，该文件描述所有 IED 的实例配置和通信参数、IED 之间的通信配置以及变电站一次系统结构，由系统集成厂商完成。SCD 文件应包含版本修改信息，明确描述修改时间、修改版本号等内容。

- 什么是 GOOSE？

  面对通用对象的变电站事件（Generic Object Oriented Substation Event，GOOSE）是 IEC 61850 标准中用于满足变电站自动化系统快速报文需求的一种机制。

- GOOSE 可以传输什么？

  可以传输开入（智能终端的常规开入等）、开出（跳闸、遥控、启动失灵、联锁、自检信息等）、实时性要求不高的模拟量（环境温湿度、直流量）。

- GOOSE 传输的数据类型？

  常见传输布尔量、整型、浮点型、位串。

三 调试必备条件

整站一次设备安装调试完成，二次接线完成、校线工作完成，回路绝缘测试完成，GOOSE 网、MMS 网组建完成，对时网络组建完成等，交直流电源具备供电条件。相关设计图纸资料收集完整。

> 制造报文规范（Manufacturing Message Specification，MMS）
> MMS 规范了工业领域具有通信能力的智能传感器、智能电子设备（IED）、智能控制设备的通信行为，使出自不同制造商的设备之间具有互操作性（Interoperation）。

四 调试工作要求

完成保护装置、合并单元、智能终端、故障录波、保护子站、对时装置、网络设备等设备功能调试，完成全站二次回路检查验证，完成保护整组试验，具备投运条件。

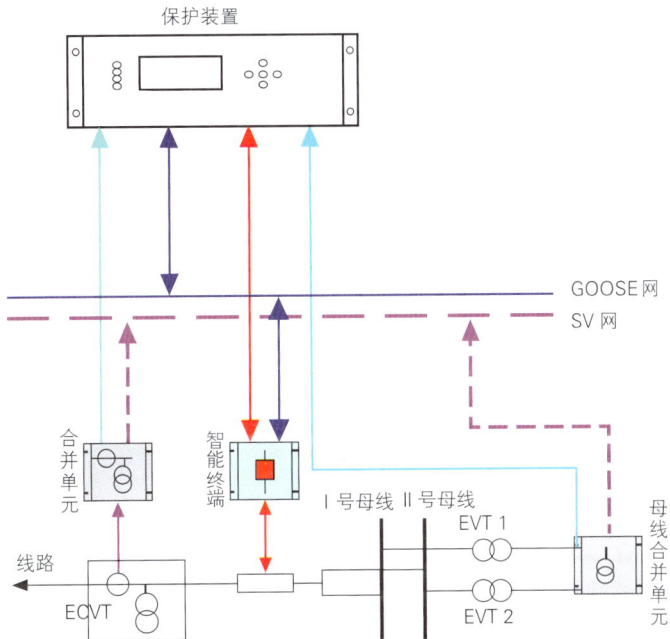

保护装置

GOOSE 网
SV 网

合并单元

智能终端

I 号母线 II 号母线

EVT 1

EVT 2

线路

ECVT

母线合并单元

Part 1

调试工作基础篇针对智能变电站现场继电保护调试作业项目，以调试工作内容为主线，对人、机、料、安全等环节的要点及注意事项进行阐述。

调试工作基础篇

一　调试工作人员基本要求

具备调试相应电压等级常规变电站调试能力，具备一定的 IEC 61850 协议原理基础知识储备。

二 调试工作资料准备

收集相关的设计图纸资料、厂家设备资料说明书、准备试验报告等。

三 调试工器具

数字式测试仪、报文分析仪、网络测试仪、时间测试仪、SCL 组态工具（一种软件工具，使用 SCL 语言；通过这种工具生成 SCD 文件）、万用表等。

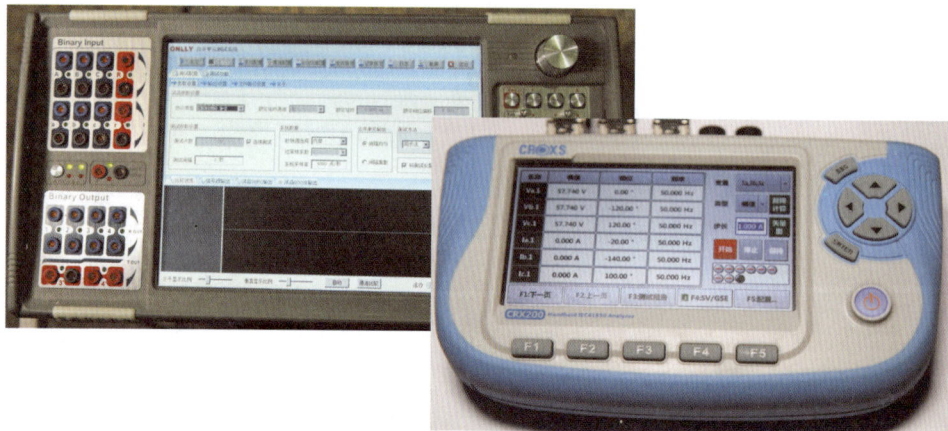

（四）调试工作安全交底

　　工作时佩戴安全帽、穿工作服、穿绝缘鞋。在二次回路上工作时必须确认回路不带电。工作人员资质合格，安规考试成绩合格，工作手续齐全，安全监护到位等。

Part 2

简单介绍智能变电站"三层两网"含义。有助于了解智能变电站的整体构架。

智能变电站二次
构成简介篇

一 典型组成结构

"三层两网"结构。三层：过程层、间隔层、站控层，两网：过程层网络，站控层网络。

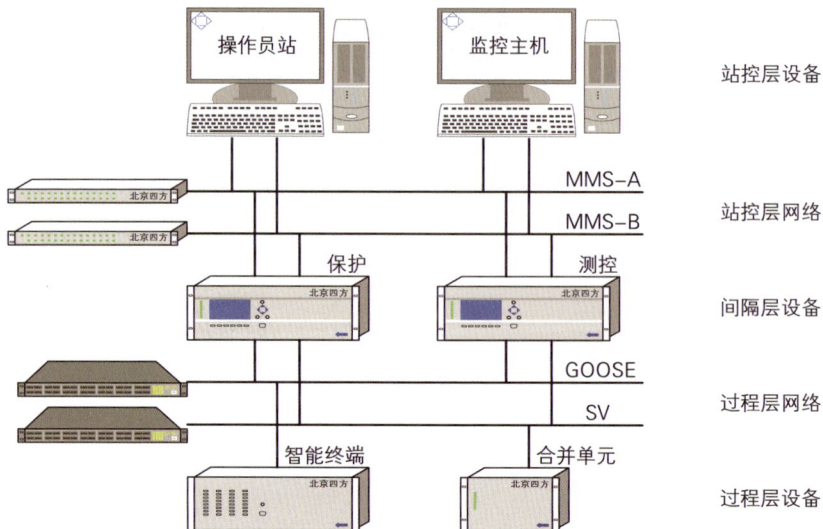

二 过程层设备

过程层设备包括变压器、断路器、隔离开关、电子式互感器等一次设备所属的智能终端和合并单元。属典型的远方 I/O、智能传感器和执行器，实现对一次设备的测量、控制等功能。

智能终端（smart terminal）
　　一种智能组件，与一次设备采用电连接，与保护、测控等二次设备采用光纤连接，实现对一次设备（如断路器、刀闸、主变压器等）的测量、控制等功能。
MU（merging unit）——合并单元
　　用以对来自二次转换的电流和/或电压数据进行时间相关组合的物理单元。

三 间隔层设备

　　指保护装置、测控装置、故障录波器等，支持过程层自动化的间隔层设备，对上与变电站层设备通信，对下与过程层设备通信。

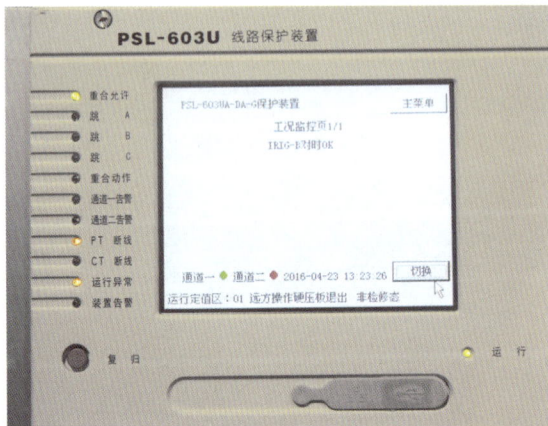

四　站控层设备

指带数据库的计算机、操作员工作台、远动装置、保护信息子站等。

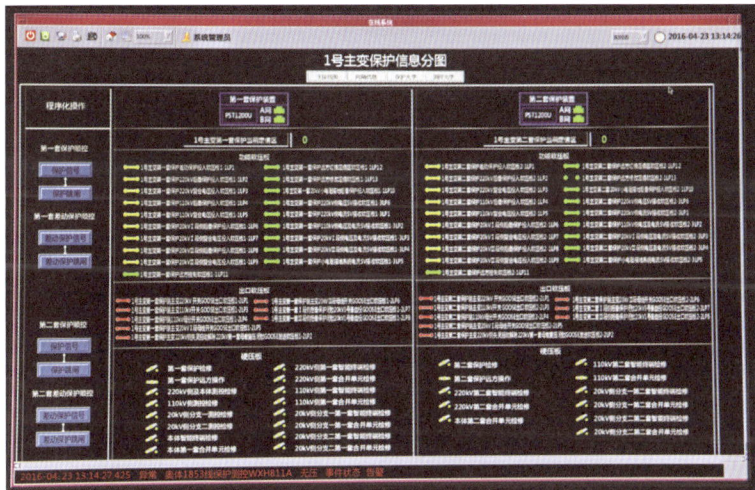

Part 3

介绍智能变电站特有的"系统组态"工作内容以及SCL组态工具，为调试人员了解智能变电站网络组成、IED设备相互通信实现方式提供感性认识。

系统组态篇

一　全站虚端子表

设计方提供的全站虚端子表相当于全站二次接线图。应包含全站所有的 IED 设备及其相互之间的通信内容。

二 系统组态

　　系统集成商结合设计院提供的设计图纸和要求、各厂家提供的 ICD，用 SCL 组态工具对整个变电站的通信网络（包括 GOOSE 网、MMS 网和 SMV 网）进行划分和配置。如通信子网的个数，MMS 网 IP 地址及子网掩码，GOOSE 网的 APPID、VLAN-ID、VLAN-PRIORITY、MAC 地址、MinTime、MaxTime、GOOSE 块的分配等。分配完成后根据虚端子表对各 IED 装置进行虚端子连线。

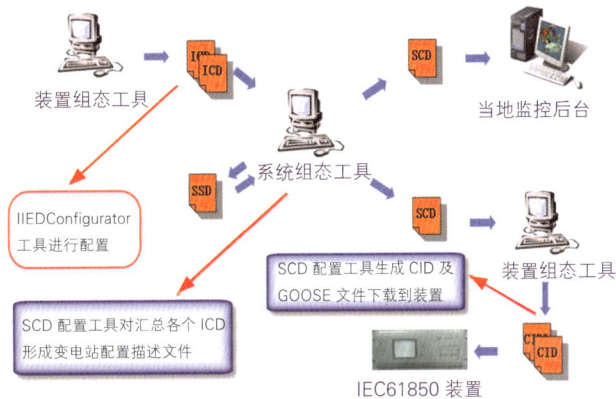

装置组态工具

系统组态工具

当地监控后台

IIEDConfigurator
工具进行配置

SCD 配置工具对汇总各个 ICD
形成变电站配置描述文件

SCD 配置工具生成 CID 及
GOOSE 文件下载到装置

装置组态工具

IEC61850 装置

变电站配置流程图

用 SCL 组态工具打开的 SCD 文件的部分截图，反色部分表示子网个数（4 个）。

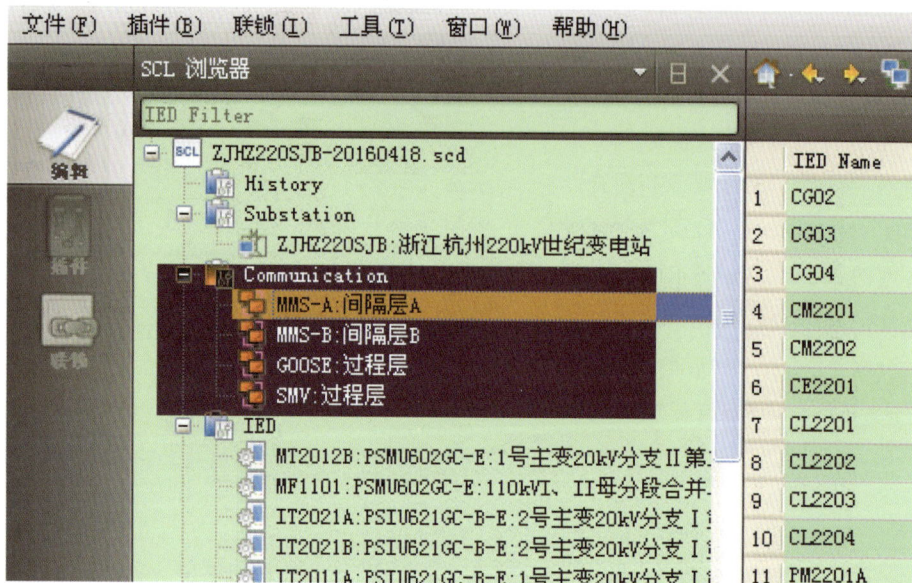

反色部分表示某智能变电站 10 个 IED 各自的 IP 地址及其子网掩码。

	IED Name	AP Name	IP	IP-SUBNET
1	CG02	S1	172.20.100.2	255.255.0.0
2	CG03	S1	172.20.100.3	255.255.0.0
3	CG04	S1	172.20.100.4	255.255.0.0
4	CM2201	S1	172.20.220.1	255.255.0.0
5	CM2202	S1	172.20.220.2	255.255.0.0
6	CE2201	S1	172.20.220.3	255.255.0.0
7	CL2201	S1	172.20.220.4	255.255.0.0
8	CL2202	S1	172.20.220.5	255.255.0.0
9	CL2203	S1	172.20.220.6	255.255.0.0
10	CL2204	S1	172.20.220.7	255.255.0.0

某智能变电站的 10 个 IED 设备的 MAC 地址、GOOSE 控制块等。

	IED Name	AP Name	LD Instance ID	GSE CB Name	MAC-Address
1	CG02	G1	PIO1	gocb1	01-0C-CD-01-01-A2
2	CG03	G1	PIO1	gocb1	01-0C-CD-01-01-A3
3	CG03	G1	PIO2	gocb2	01-0C-CD-01-02-A3
4	CG04	G1	PIO1	gocb1	01-0C-CD-01-01-A4
5	CG04	G1	PIO2	gocb2	01-0C-CD-01-02-A4
6	CM2201	G1	PIO1	gocb1	01-0C-CD-01-01-01
7	CM2201	G1	PIO2	gocb2	01-0C-CD-01-02-01
8	CM2202	G1	PIO1	gocb1	01-0C-CD-01-01-02
9	CM2202	G1	PIO2	gocb2	01-0C-CD-01-02-02
10	CE2201	G1	PIO1	gocb1	01-0C-CD-01-01-03

某智能变电站的 10 个 IED 设备的 VLAN 地址、APPID 地址、最大最小延时等。

VLAN-ID	VLAN-PRIORITY	APPID	MinTime	MaxTime
002	6	01A2	2	5000
002	6	01A3	2	5000
002	6	02A3	2	5000
002	6	01A4	2	5000
002	6	02A4	2	5000
002	6	0101	2	5000
002	6	0201	2	5000
002	6	0102	2	5000
002	6	0202	2	5000
002	6	0103	2	5000

某智能变电站虚端子联线的截图，"发布者""订阅者""订阅内容"一目了然。

	External IED	External Signal	External Description
1	IL2204A	RPIT/XCBR6.Pos.stVal	CSD601A:220kV纪庄2U66线第一套智能终端/断路器A相位置
2	IL2204A	RPIT/XCBR7.Pos.stVal	CSD601A:220kV纪庄2U66线第一套智能终端/断路器B相位置
3	IL2204A	RPIT/XCBR8.Pos.stVal	CSD601A:220kV纪庄2U66线第一套智能终端/断路器C相位置
4	IL2204A	RPIT/GGIO8.Ind4.stVal	CSD601A:220kV纪庄2U66线第一套智能终端/压力低闭锁重…
5	IL2204A	RPIT/GGIO10.Ind6.stVal	CSD601A:220kV纪庄2U66线第一套智能终端/闭锁本套保护…
6	PM2201A	PIGO/goPTRC10.Tr.general	CSC150A:220kV母线第一套保护/支路9_保护跳闸
7	PM2201A	PIGO/goPTRC10.Tr.general	CSC150A:220kV母线第一套保护/支路9_保护跳闸

	External Description	Internal Address	Internal Description
1	CSD601A:220kV纪庄2U66线第一套智能终端/断路器A相位置	PIGO/GOINGGI01.DPCS01.stVal	断路器A相分位
2	CSD601A:220kV纪庄2U66线第一套智能终端/断路器B相位置	PIGO/GOINGGI02.DPCS01.stVal	断路器B相分位
3	CSD601A:220kV纪庄2U66线第一套智能终端/断路器C相位置	PIGO/GOINGGI03.DPCS01.stVal	断路器C相分位
4	CSD601A:220kV纪庄2U66线第一套智能终端/压力低闭锁重…	PIGO/GOINGGI010.SPCS01.stVal	低气压闭锁重合闸
5	CSD601A:220kV纪庄2U66线第一套智能终端/闭锁本套保护…	PIGO/GOINGGI04.SPCS01.stVal	闭锁重合闸-1
6	CSC150A:220kV母线第一套保护/支路9_保护跳闸	PIGO/GOINGGI023.SPCS01.stVal	其它保护动作-1
7	CSC150A:220kV母线第一套保护/支路9_保护跳闸	PIGO/GOINGGI04.SPCS02.stVal	闭锁重合闸-2

三 CID文件下装

　　各个装置厂家根据集成商形成的 SCD 文件，用自己的建模工具将相应的 CID 文件导出，并下装到相应的装置内，并检查各装置通信、运行是否正常。

> 全站系统配置文件（substation configuration description，SCD）
> 　　全站唯一，该文件描述所有 IED 的实例配置和通信参数、IED 之间的通信配置以及变电站一次系统结构，由系统集成厂商完成。SCD 文件应包含版本修改信息，明确描述修改时间、修改版本号等内容。类似于全站二次设计图纸。
> IED 实例配置文件（configured IED description，CID）
> 　　装置配置模型文件，由装置厂商根据 SCD 文件中本 IDE 相关配置生成。包含该装置针对具体工程的实例化配置信息，类似装置二次设计图。

Part 4

介绍七大类IED设备的单体调试内容、调试方法、注意事项等。设备单体调试是后续分系统、系统调试的基础，单体调试工作全面完整，可以为后续分系统、系统调试工作打下坚实基础。

设备单体调试篇

一　保护装置调试

调试内容

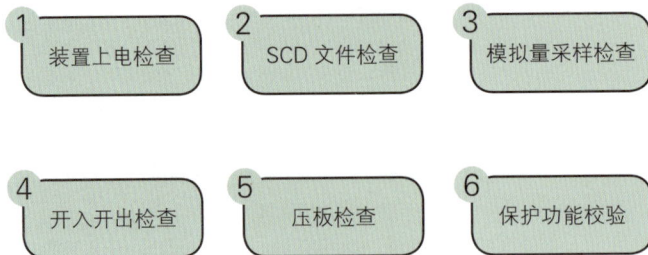

```
①装置上电检查    ②SCD文件检查    ③模拟量采样检查
④开入开出检查    ⑤压板检查       ⑥保护功能校验
```

1. 装置上电检查

装置上电后，查看装置版本号、校验码是否符合调度部门要求；如果不符合应及时联系设备供应商更新。

检查模拟量采样方式的保护装置的额定电流、额定电压是否符合设计要求。

注意事项：

　　装置上电前，查看插件是否安装完好，有没有松动，装置内部线是否接线完整，核对装置直流工作电源额定值是否与变电站直流电源电压等级一致。

2．SCD文件检查

GOOSE 虚端子检查：根据设计虚端子表进行检查，检查连线接收和发送侧的连线类型是否对应，是否有错位、缺失等。可借助专业的可视化软件进行检查。

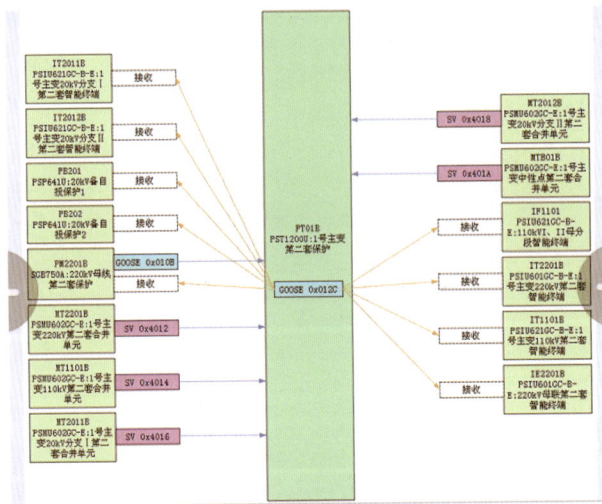

　　SMV虚端子检查：根据设计虚端子表进行检查。检查SMV虚端子连线有没有错位，有没有少连或者多连，如果发现合并单元模型文件没有设计需要的采样量，则需要更改合并单元模型文件。

	External IED	External Signal	External Description
1	ML2202A	MUSV/LLN0.DelayTRtg	CSD602AG-G:220kV纪显2U68线第一套合并单元/MU额定延时
2	ML2202A	MUSV/SVOUTTCTR1.Amp	CSD602AG-G:220kV纪显2U68线第一套合并单元/第一组保护A相电流Ia1
3	ML2202A	MUSV/SVOUTTCTR1.AmpR	CSD602AG-G:220kV纪显2U68线第一套合并单元/第一组保护A相电流Ia2
4	ML2202A	MUSV/SVOUTTCTR2.Amp	CSD602AG-G:220kV纪显2U68线第一套合并单元/第一组保护B相电流Ib1
5	ML2202A	MUSV/SVOUTTCTR2.AmpR	CSD602AG-G:220kV纪显2U68线第一套合并单元/第一组保护B相电流Ib2
6	ML2202A	MUSV/SVOUTTCTR3.Amp	CSD602AG-G:220kV纪显2U68线第一套合并单元/第一组保护C相电流Ic1
7	ML2202A	MUSV/SVOUTTCTR3.AmpR	CSD602AG-G:220kV纪显2U68线第一套合并单元/第一组保护C相电流Ic2
8	ML2202A	MUSV/SVOUTTVTR1.Vol	CSD602AG-G:220kV纪显2U68线第一套合并单元/保护A相电压Ua1
9	ML2202A	MUSV/SVOUTTVTR1.VolR	CSD602AG-G:220kV纪显2U68线第一套合并单元/保护A相电压Ua2
10	ML2202A	MUSV/SVOUTTVTR2.Vol	CSD602AG-G:220kV纪显2U68线第一套合并单元/保护B相电压Ub1
11	ML2202A	MUSV/SVOUTTVTR2.VolR	CSD602AG-G:220kV纪显2U68线第一套合并单元/保护B相电压Ub2
12	ML2202A	MUSV/SVOUTTVTR3.Vol	CSD602AG-G:220kV纪显2U68线第一套合并单元/保护C相电压Uc1
13	ML2202A	MUSV/SVOUTTVTR3.VolR	CSD602AG-G:220kV纪显2U68线第一套合并单元/保护C相电压Uc2
14	ML2202A	MUSV/SVOUTTVTR8.Vol	CSD602AG-G:220kV纪显2U68线第一套合并单元/同期电压Ux1
15	ML2202A	MUSV/SVOUTTVTR8.VolR	CSD602AG-G:220kV纪显2U68线第一套合并单元/同期电压Ux2

虚端子表截图1

注意事项：

　　同一电流采样SMV数据供不同保护使用时，需根据保护实际需求，各自选择连接正极性还是负极性。

	External Description	Internal Address	Internal Description
1	CSD602AG-G:220kV纪垦2U68线第一套合并单元/MU额定延时	PISV/SVINGGIO1.SvIn	MU额定延时
2	CSD602AG-G:220kV纪垦2U68线第一套合并单元/第一组保护A相电流Ia1	PISV/SVINGGIO10.SvIn	保护A相电流Ia1
3	CSD602AG-G:220kV纪垦2U68线第一套合并单元/第一组保护A相电流Ia2	PISV/SVINGGIO11.SvIn	保护A相电流Ia2
4	CSD602AG-G:220kV纪垦2U68线第一套合并单元/第一组保护B相电流Ib1	PISV/SVINGGIO12.SvIn	保护B相电流Ib1
5	CSD602AG-G:220kV纪垦2U68线第一套合并单元/第一组保护B相电流Ib2	PISV/SVINGGIO13.SvIn	保护B相电流Ib2
6	CSD602AG-G:220kV纪垦2U68线第一套合并单元/第一组保护C相电流Ic1	PISV/SVINGGIO14.SvIn	保护C相电流Ic1
7	CSD602AG-G:220kV纪垦2U68线第一套合并单元/第一组保护C相电流Ic2	PISV/SVINGGIO15.SvIn	保护C相电流Ic2
8	CSD602AG-G:220kV纪垦2U68线第一套合并单元/保护A相电压Ua1	PISV/SVINGGIO2.SvIn	保护A相电压Ua1
9	CSD602AG-G:220kV纪垦2U68线第一套合并单元/保护A相电压Ua2	PISV/SVINGGIO3.SvIn	保护A相电压Ua2
10	CSD602AG-G:220kV纪垦2U68线第一套合并单元/保护B相电压Ub1	PISV/SVINGGIO4.SvIn	保护B相电压Ub1
11	CSD602AG-G:220kV纪垦2U68线第一套合并单元/保护B相电压Ub2	PISV/SVINGGIO5.SvIn	保护B相电压Ub2
12	CSD602AG-G:220kV纪垦2U68线第一套合并单元/保护C相电压Uc1	PISV/SVINGGIO6.SvIn	保护C相电压Uc1
13	CSD602AG-G:220kV纪垦2U68线第一套合并单元/保护C相电压Uc2	PISV/SVINGGIO7.SvIn	保护C相电压Uc2
14	CSD602AG-G:220kV纪垦2U68线第一套合并单元/同期电压Ux1	PISV/SVINGGIO8.SvIn	同期电压Ux1
15	CSD602AG-G:220kV纪垦2U68线第一套合并单元/同期电压Ux2	PISV/SVINGGIO9.SvIn	同期电压Ux2

虚端子表截图2

3. 模拟量采样检查

（1）常规采样保护装置，检查内容有零漂检
　　　查、采样精度的测试、采样线性度的测
　　　试、模拟量输入的相位特性测试；

（2）若为 SV 采样保护装置，仅需要检验一个
　　　点，可以结合合并单元测试时进行。

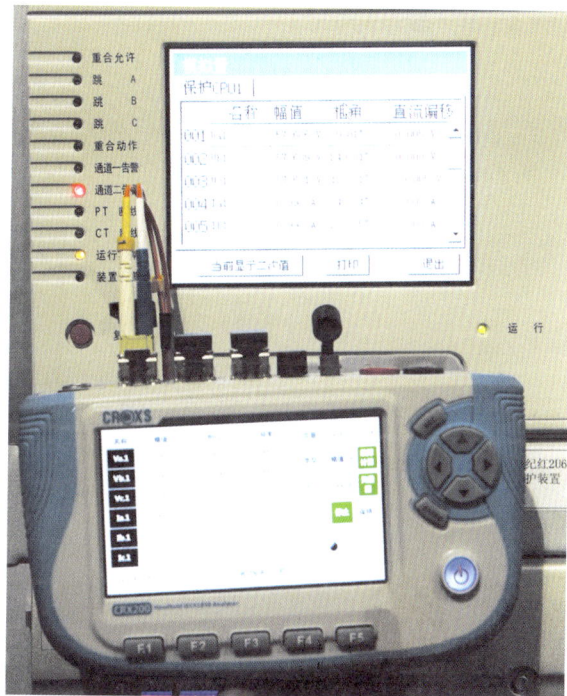

4. 开入开出检查

可使用手持式光数字测试仪进行检查，也可直接与智能终端、其他保护装置连接进行检查。

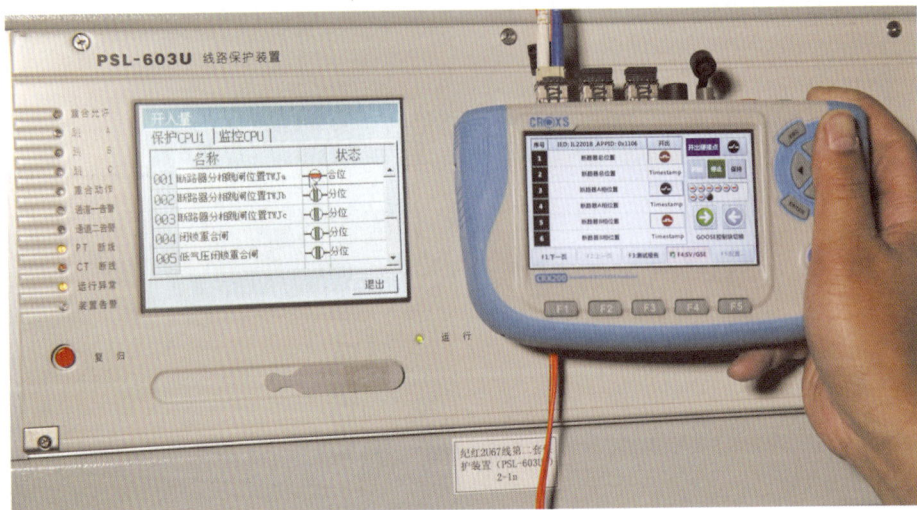

某智能变电站虚端子联线的截图,"发布者""订阅者""订阅内容"一目了然。

	External IED	External Signal	External Description
1	IL2204A	RPIT/XCBR6.Pos.stVal	CSD601A:220kV纪庄2U66线第一套智能终端/断路器A相位置
2	IL2204A	RPIT/XCBR7.Pos.stVal	CSD601A:220kV纪庄2U66线第一套智能终端/断路器B相位置
3	IL2204A	RPIT/XCBR8.Pos.stVal	CSD601A:220kV纪庄2U66线第一套智能终端/断路器C相位置
4	IL2204A	RPIT/GGI08.Ind4.stVal	CSD601A:220kV纪庄2U66线第一套智能终端/压力低闭锁重…
5	IL2204A	RPIT/GGI010.Ind6.stVal	CSD601A:220kV纪庄2U66线第一套智能终端/闭锁本套保护…
6	PM2201A	PIGO/goPTRC10.Tr.general	CSC150A:220kV母线第一套保护/支路9_保护跳闸
7	PM2201A	PIGO/goPTRC10.Tr.general	CSC150A:220kV母线第一套保护/支路9_保护跳闸

	External Description	Internal Address	Internal Description
1	CSD601A:220kV纪庄2U66线第一套智能终端/断路器A相位置	PIGO/GOINGGIO1.DPCSO1.stVal	断路器A相分位
2	CSD601A:220kV纪庄2U66线第一套智能终端/断路器B相位置	PIGO/GOINGGIO2.DPCSO1.stVal	断路器B相分位
3	CSD601A:220kV纪庄2U66线第一套智能终端/断路器C相位置	PIGO/GOINGGIO3.DPCSO1.stVal	断路器C相分位
4	CSD601A:220kV纪庄2U66线第一套智能终端/压力低闭锁重…	PIGO/GOINGGIO10.SPCSO1.stVal	低气压闭锁重合闸
5	CSD601A:220kV纪庄2U66线第一套智能终端/闭锁本套保护…	PIGO/GOINGGIO4.SPCSO1.stVal	闭锁重合闸-1
6	CSC150A:220kV母线第一套保护/支路9_保护跳闸	PIGO/GOINGGIO23.SPCSO1.stVal	其它保护动作-1
7	CSC150A:220kV母线第一套保护/支路9_保护跳闸	PIGO/GOINGGIO4.SPCSO2.stVal	闭锁重合闸-2

　　

2. 基本性能——时延测试

时延测试测量交换机在有负载条件下转发数据包所需的时间。在设定的测试时间内，测量设定的每对端口上的每一个包的延时，数据流可为单向或双向。对于存储转发（Store-and-forward，LIFO）模式来说，测量的延时是指从输入帧的最后一个比特达到输入端口的时刻到输出帧的第一个比特出现在输出端口上的时刻的时间间隔，此模式所测延时与数据流帧长无紧密关联。对于直通交换（cut-throught，FIFO）模式来说，时延是指从输入帧的第一比特达到输入端口的时刻到输出帧的第一比特出现在输出端口的时刻的间隔。此模式与数据流帧长相关，帧长越长时延越大。

时延测试时，要选择一对测试端口，设置数据流方向，可为单向或双向。同时选择测试模式为存储转发或直通交换，设置帧长和数据流速率，设置测试时间，测试结果显示每一帧长时延的最大、最小、平均值。对于存储转发模式下测得的任意一对端口的时延应小于10μs，一般以平均值作为评定标准，建议时延的测试时间为30s。

时延测试参数设置

3. 基本性能——丢包率测试

丢包率测试通过测量未转发的包的比例来显示高负载状态下交换机的性能。测试仪在规定时间内生成一定速率的数据流，数据流可为单向或双向，在测试结束时，测量对应端口应当转发但被丢弃的包的百分比，测试设置中规定的每一种包长度都进行丢包率测试。

丢包率的三要素为：速率、测试时间、帧长度。丢包率测试时，要选择一对测试端口，设置数据流方向，可为单向或双向，同时设置帧长和数据流速率，设置测试时间，测试在指定帧长和速率下的丢包包数占发送包数的百分比。

丢包率的建议测试时间为 120s，对于交换机一般要求在各种帧长及满流量下的丢包率为零。

4. 基本性能——背靠背测试

背靠背性能测试通过以大于吞吐量的一定速率发送突发数据流并测量无包丢失时的交换机的缓冲区容量。设置测试仪的一组发送接收端口，数据流可为单向或双向，按设定的测试时间、帧长和速率发送数据流，直至出现丢包时已发数据流的帧数即为该帧长及速率下的背靠背值。当吞吐量为 100% 时，此项测试无意义。

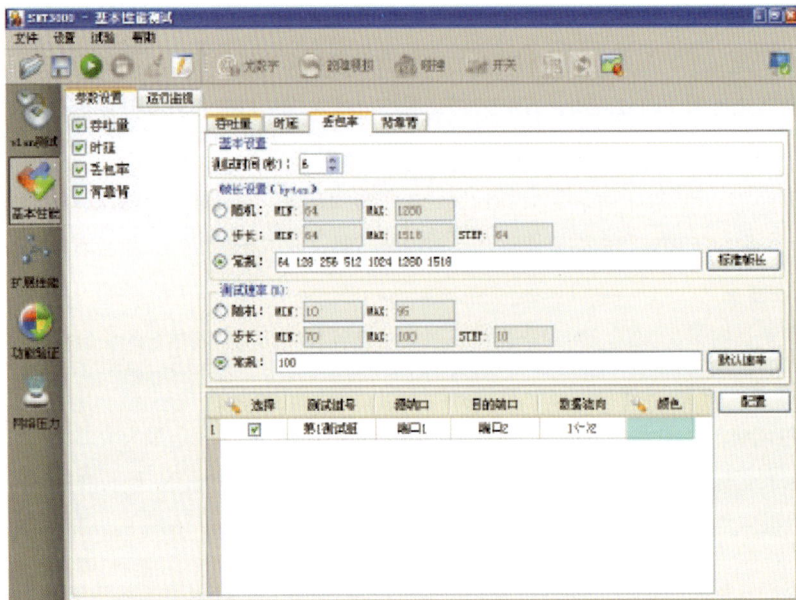

丢包率测试参数设置

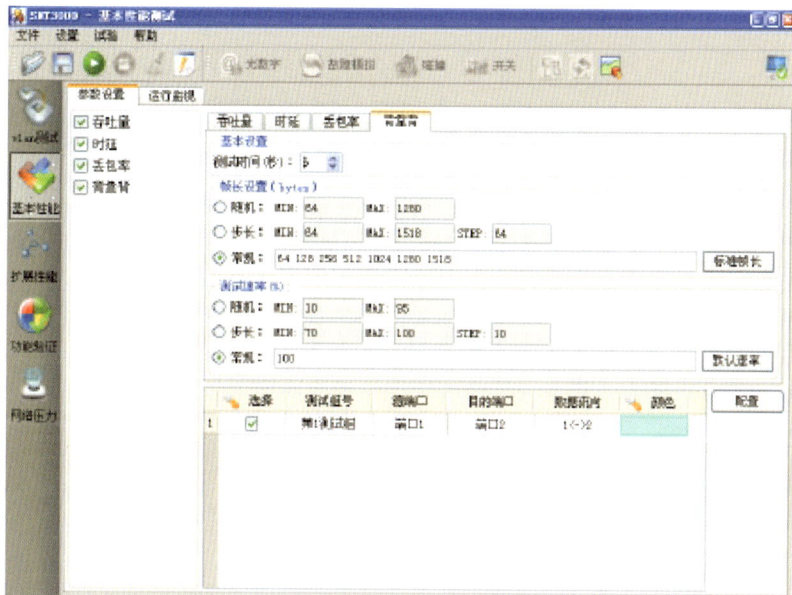

背靠背测试参数设置

5. VLAN测试

VLAN（Virtual LAN，虚拟局域网）是指在一个物理网段内进行逻辑的划分，划分成若干个虚拟的局域网，VLAN不受物理位置的限制，可以进行灵活的划分，同时具备一个物理网段的特性，相同VLAN内的主机可以相互直接通信，广播数据包只可以在本VLAN内进行广播，不能传输到其他的VLAN中。

VLAN的划分分为静态VLAN和动态VLAN两类。

静态VLAN又被称为基于端口的VLAN（Port Based VLAN），即指定各端口属于哪个VLAN的设定方法。

动态VLAN则是根据每个端口所连的计算机，随时改变端口所属的VLAN。这就可以避免上述的更改设定之类的操作。动态VLAN可以大致分为3类：基于MAC地址的VLAN（MAC Based VLAN）、基于子网的VLAN（Subnet Based VLAN）、基于用户的VLAN（User Based VLAN）。

6. 扩展性能——错误帧测试

测试交换机对以太网错误帧的处理机制，错误帧过滤测试包括超短帧（Undersized）测试，超长帧（Oversized）测试，CRC校验码错（CRC error）测试，多余比特错误（DribbleBit Errors）测试，字节对齐错误（Alignment Errors）测试，错误帧测试建议的测试时间为30s。

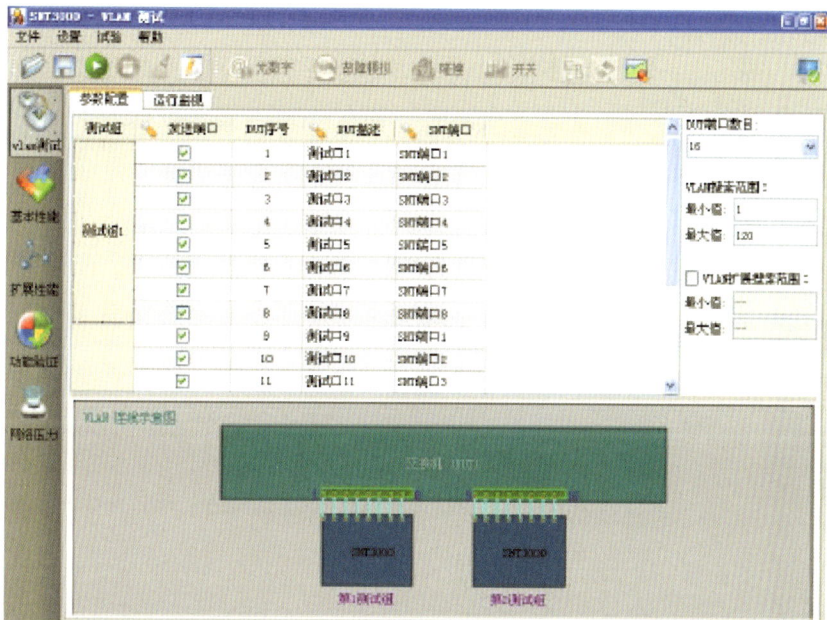

VLAN 测试参数配置

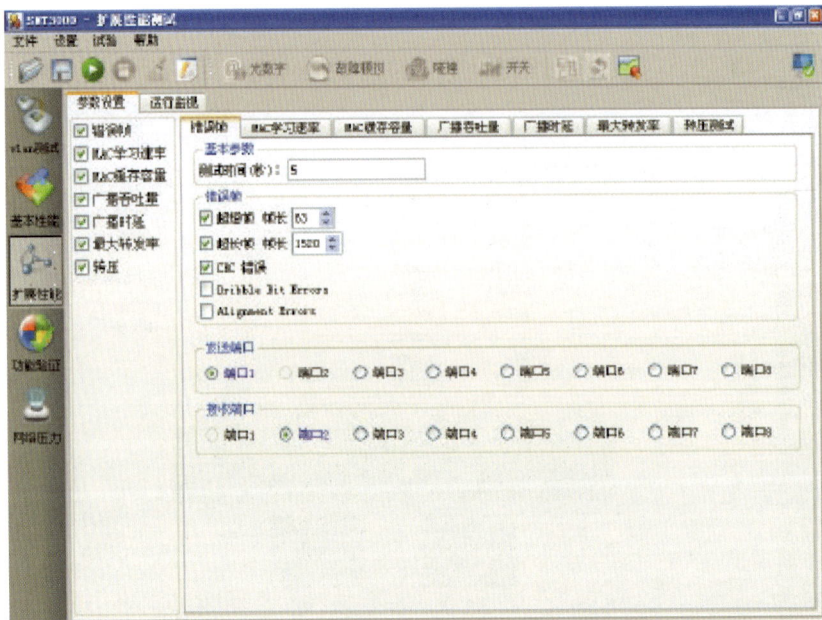

错误帧测试参数设置

7.　扩展性能——MAC 学习速率测试

交换机可以学习新的 MAC 地址的速率,该指标用于衡量网络重启后地址表建立速度,交换机地址学习速率应不小于 1000 个 /s。

测试需配置 3 个端口,分别为学习端口、测试端口及监视端口。测试仪通过交换机的学习端口发送带有不同源 MAC 地址和一确定目的 MAC 地址的学习帧到交换机。通过接收有不同源地址的帧,DUT/SUT 可以学到这些新地址,源地址可能为连续的顺序。测试端口对学习帧来说,担当接收端口。测试帧将被传输回到学习端口所学到的地址。

老化时间是指地址在地址表中的生存时间,超过该时间的地址将从地址表中去除。老化时间段必须长于在指定速率下产生帧所必需的时间。如果在测试中使用了较低的帧产生率,那么很有可能会发送数据帧,实际上超过老化时间。

MAC 地址学习速率采用二分法搜索,固定 MAC 地址个数(应小于 MAC 地址最大缓存容量值),按设定的初始速率向学习端口发送数据流,如果从监视端口监视到有泛洪发生,则将速率设为当前速率与最小速率之间的 50%,再进行下一速率测试,如果从监视端口没有监视到泛洪发生,则将速率设为当前速率与最大速率之间的 50%,再进行下一速率测试,直至找到没有泛洪发生的最大速率值。

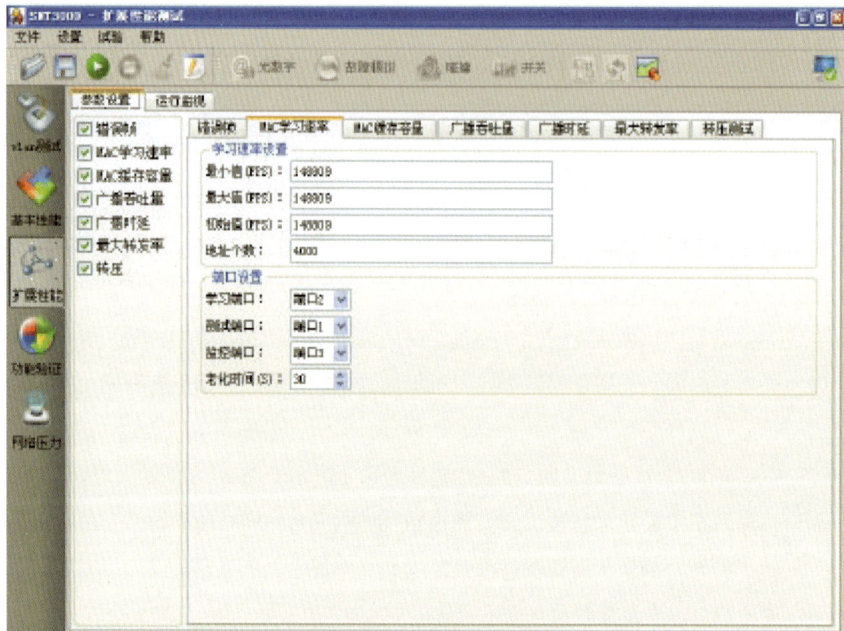

MAC 地址学习速率参数设置

8. 扩展性能——MAC缓存容量测试

　　每个端口 / 模块 / 设备能够缓存的不同 MAC 地址的数量。只有地址缓存能力足够大才能保证帧不被丢弃或广播，交换机 MAC 地址缓存能力应不低于 4096 个。

　　学习过程中，测试仪通过学习端口按一定速率发送初始的 MAC 地址个数的数据流，交换机进行 MAC 地址学习，学习完后测试监视端口是否有泛洪发生，如有泛洪则将 MAC 地址个数减为当前值与最小值之间的算术平均值，进行下一组 MAC 地址测试，如没有泛洪则将 MAC 地址个数增加为当前值与最大值之间的 50%，直至搜索出没有泛洪现象的 MAC 地址个数。

9. 扩展性能——广播吞吐量测试

　　广播吞吐量测试的目的是确定交换机当转发广播数据流时的吞吐量。广播帧吞吐量测试时测试仪向交换机的一个端口发送有广播地址的数据流。选择交换机的一个或多个端口作为接收端口与测试仪相连，设置多种帧长，采用步长递变法或二分法搜索不丢帧下的最大转发速率。广播吞吐量测试时，发送端口与接收端口应在同一个 VLAN，建议的测试期间为 30s。

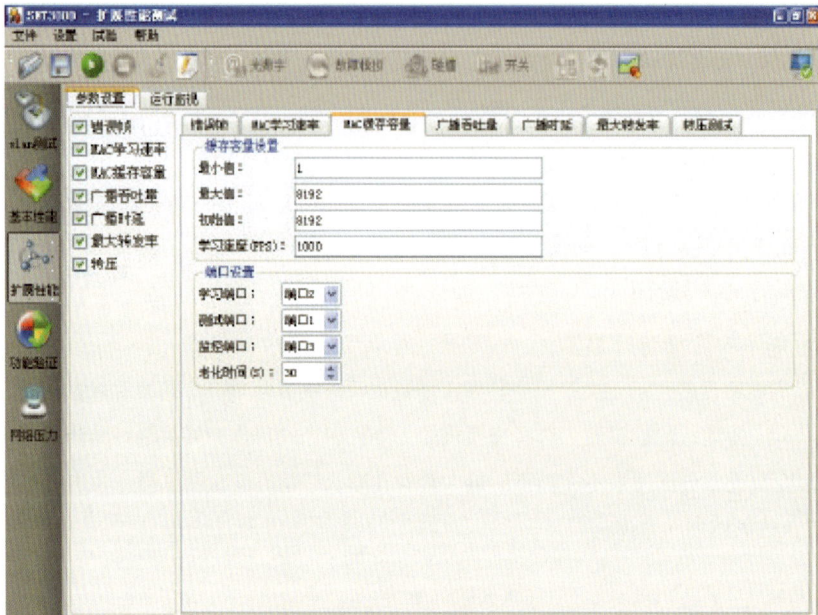

MAC 地址缓存容量参数设置

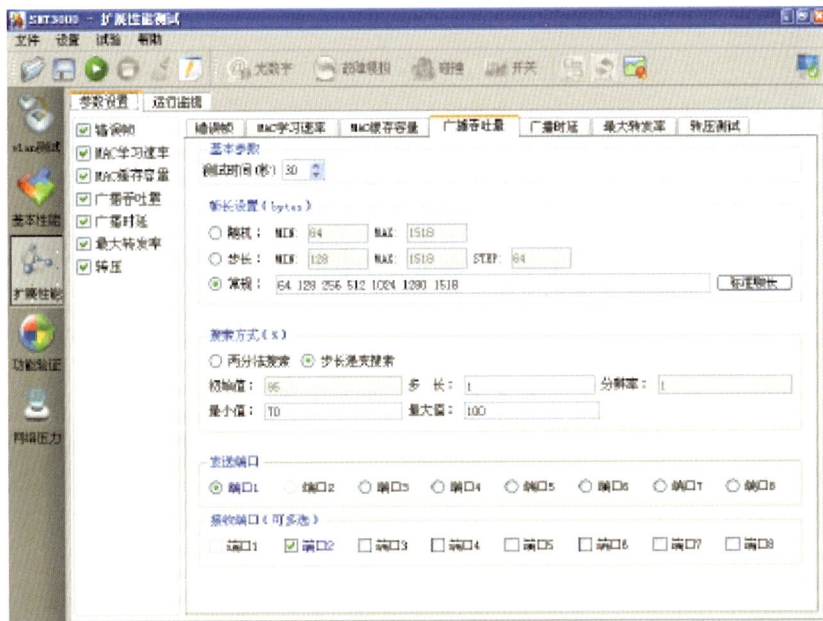

广播吞吐量参数设置

10. 扩展性能——广播时延测试

广播帧时延测试的目的是确定交换机当转发广播数据流时的延迟。测试仪发送端口按设定的速率和帧长向交换机某一端口发送广播数据流，通过交换机在同一 VLAN 的其他端口接收数据流并测量相应的传输时延。广播帧时延支持存储交换（LIFO）及直通交换（FIFO）两种模式，建议的测试期间为 30s。

11. 扩展性能——最大转发率测试

在吞吐量不为 100% 下，即使转发率大于吞吐量交换机也能转出一定帧数的报文帧，不同速率下所能转发的最大报文帧数即为最大转发率。如交换机吞吐量为 100%，可不进行此项测试。当吞吐量不为 100% 时，并不一定数据流速率越大，能转发出的帧数就越多，本项测试是在所有数据流速率中，不管丢帧与不丢帧，搜索出 1s 能够转发的最大帧数，及对应的数据流速率。

测试方法是配置一组测试仪端口，并与交换机连接，数据流可设为单向或双向。按设定的步长采用步长递变法可二分法搜索出吞吐量值，再按一定步长递增，搜索出最大的转发帧数及对应的数据流速率。

广播时延测试参数设置

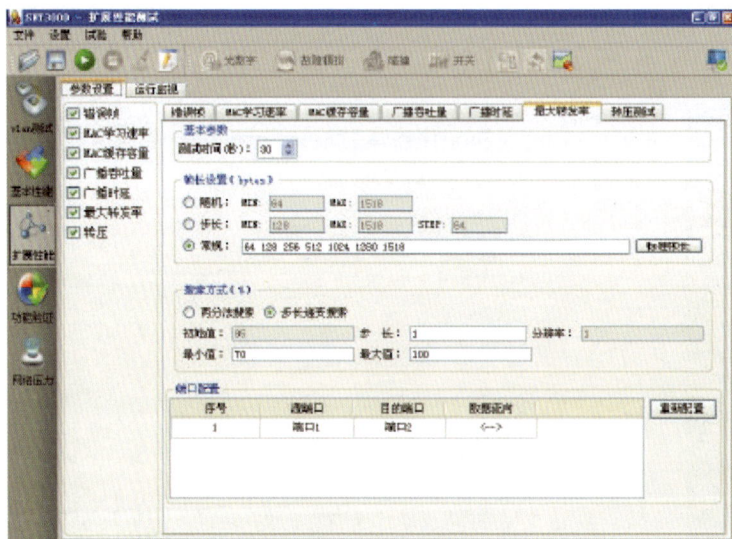

最大转发率参数设置

12. 扩展性能——转压测试

设置测试仪一组发送接收端口并与交换机对应端口相联，测试仪的发送端口向交换机发送设定帧长和设定 IFG（最小帧间隙）的数据流，最小帧间隙设置小于满流量下的 12 个字节（96 位），数据流速率超过 100%，同时从测试仪的接收端口接收交换机转发出的数据，如果检测到数据流的帧间隙小于 96 位，那么转压被侦测到。

交换机不应转出帧间隙小于 96 位、速率大于 100% 的数据流，对小于 96 位的帧间隙应给以修正，如果转出的话，接在交换机上的接收设备流量压力会增加，引起设备异常。转压测试建议的测试时间为 30s。

13. 功能验证——网络风暴抑制功能验证

由于网络拓扑设计、连接或设备异常等问题，导致广播、组播或未知单播在网络中大量复制、传播数据帧，使通信网络性能下降，造成网络瘫痪。交换机应支持广播风暴抑制、组播风暴抑制和未知单播风暴抑制功能。

交换机可设置每个端口的风暴抑制参数，包括设置抑制模式，可设为广播 / 组播 / 单播抑制中的之一模式，设置每个端口的抑制流量，不同厂家的交换机还具有按端口输入 / 输出进行抑制的功能。

抑制测试时，测试仪与交换机端口一对一连接，设置测试仪的发送端口和接收端口，接收端口可多选，设置发送端口的加载流量及测试评估误差，测试仪将按设定的测试时间及帧长进行测试，测量发送端口的发帧数及接收端口的收帧数，计算抑制比并判断是否满足要求。

理论抑制比（%）=（加载流量—抑制流量）/ 加载流量

实测抑制比（%）= 实测收帧数 / 实际发帧数

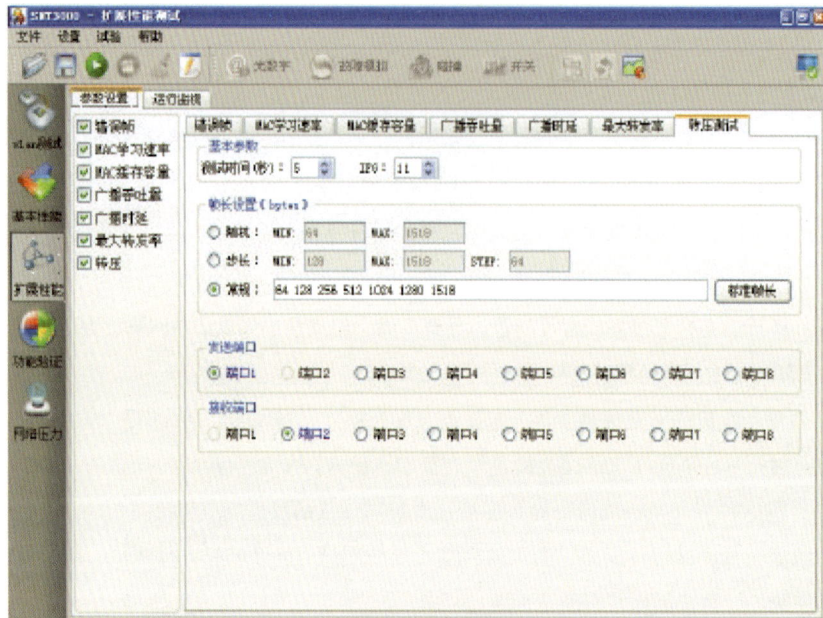

转压测试参数设置

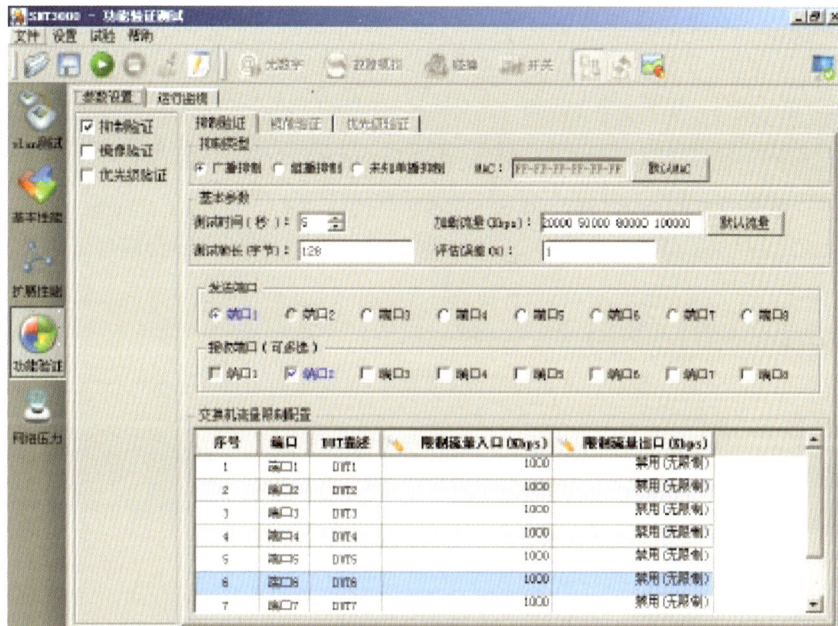

风暴验证参数设置

14. 功能验证——交换机镜像功能验证

镜像包括单端口镜像及多端口镜像。单端口镜像指只复制一个端口数据至镜像端口；多端口镜像指同时复制几个端口数据至镜像端口，每个被镜像的端口又分输入数据流镜像与输出数据流镜像。智能变电站站用交换机应支持单端口与多端口镜像功能，镜像端口在不丢失数据的前提下应保证系统要求的转发速率，镜像数据不应使带有序列标签的数据如 SMV、GOOSE 等报文产生乱序现象。

镜像测试应参照交换机的设置，配置测试仪的镜像端口和被镜像端口。被镜像端口可多选，同时又分输入数据流和输出数据流镜像，输出数据流镜像表示该被镜像端口的发送数据将会被镜像至镜像端口，输入数据流镜像表示该被镜像端口的接收数据将会被镜像至镜像端口。

测试仪与交换机端口一对一连接，测试仪按设定的帧长及流量向交换机发送数据流，数据流类型可为单播、组播与广播。根据交换机的设置、各端口的镜像关系，通过接收镜像端口的数据流，验证交换机的镜像功能是否正确。进行镜像测试时，交换机的端口抑制功能应取消。

交换机的镜像遵循以下规则：

（1）如果被镜像口设置了输出与输入数据流镜像，那么这个端口的接收与发送数据都会被复制至镜像端口作为数据流输出。

（2）如果一个广播或组播数据流由测试仪发送至交换机某一非镜像端口，又从交换机的另两个被镜像端口输出，那么两个被镜像端口是复制一份该数据流数据至镜像端口输出。

（3）如果一个数据流由测试仪发送至交换机的被镜像端口，又从交换机的另一被镜像端口输出，那么该数据流的输入、输出两份同样数据均被复制至镜像端口。

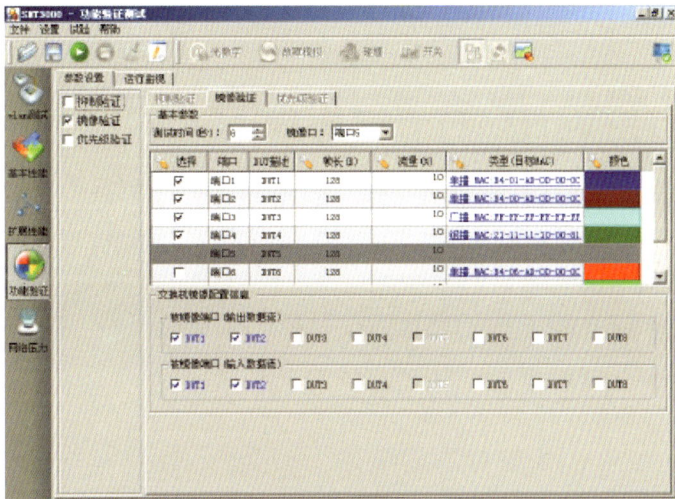

镜像验证参数设置

15. 功能验证——交换机优先级机制验证

智能变电站中的以太网报文、SV 及 GOOSE 报文都可以通过报文中相应字段设置报文优先级。优先级分为 1～7 级，优先级的设置有两种模式可选，一种是绝对优先级，一种是加权优先级。1～7 的优先级又可划分为 4 个队列，分别为低队列、正常队列、中等队列与高队列，不同优先级设置但属于同一队列的数据流，实际是拥有相同的优先权的。根据交换机队列设置不同，流量超过吞吐量后报文丢帧的机制不同，一般队列高的数据流后丢帧或少丢帧，队列低的数据流先丢帧或多丢帧。

优先级测试时，测试仪与交换机端口对应连接，设置测试仪两对或以上的发送端口，设置发送端口发送数据流的帧长、流量及优先级，为每个优先级分配队列，优先级及队列的设置应与交换机设置一致，设置测试仪发送数据流的报文类型，可为单播或组播。设置测试仪接收端口及发送组播报文时，发送与接收端口应在同一个 VLAN。从测试仪的接收端口所接收报文的丢帧情况，验证优先级机制是否正确。

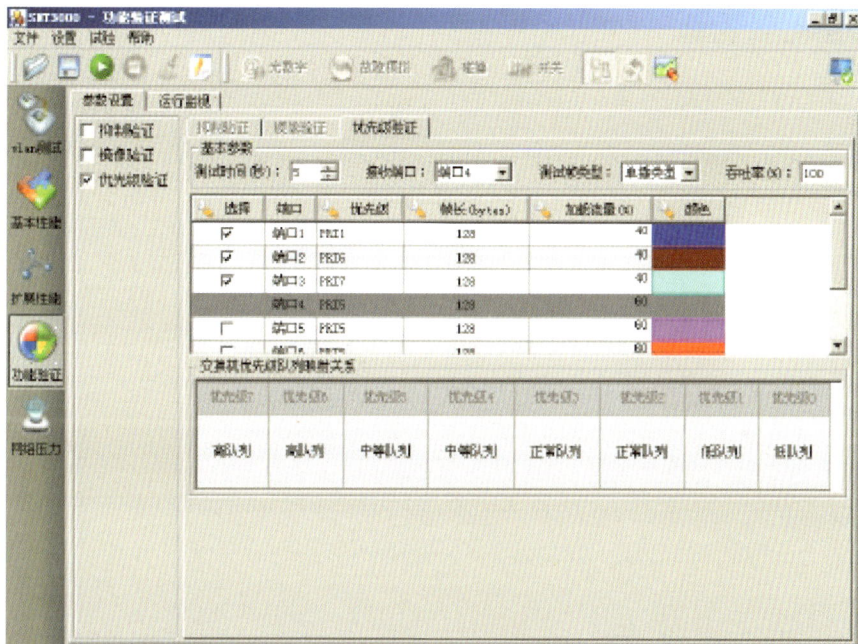

优先级验证测试界面

五 故障录波器调试

调试内容

序号	调试内容
1	下装配置文件
2	模拟量采样检查
3	模拟量启动试验
4	开关量检查
5	其他

1. 下装配置文件

全站 SCD 文件配置完成并经过检查后，方可下装配置文件。配置文件下装完成后，整个 SCD 文件已经全部导入，但每条线路具体要采的模拟量、开关量还需手动配置。调试人员应该根据图纸配置。比如合并单元总共有 3 组模拟量，故障录波器具体采集的是第几组需要根据设计电流回路图来设置。

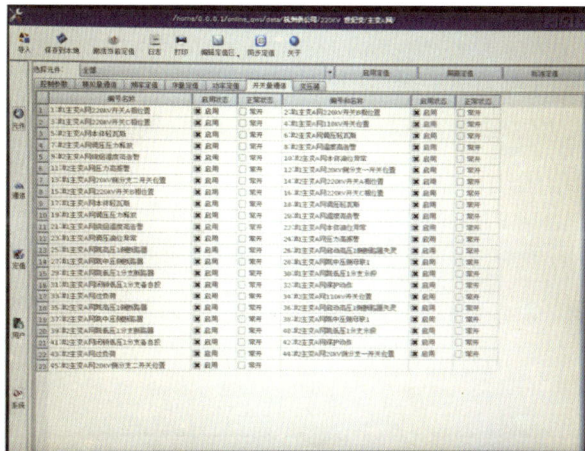

故障录波器开关量参数配置界面

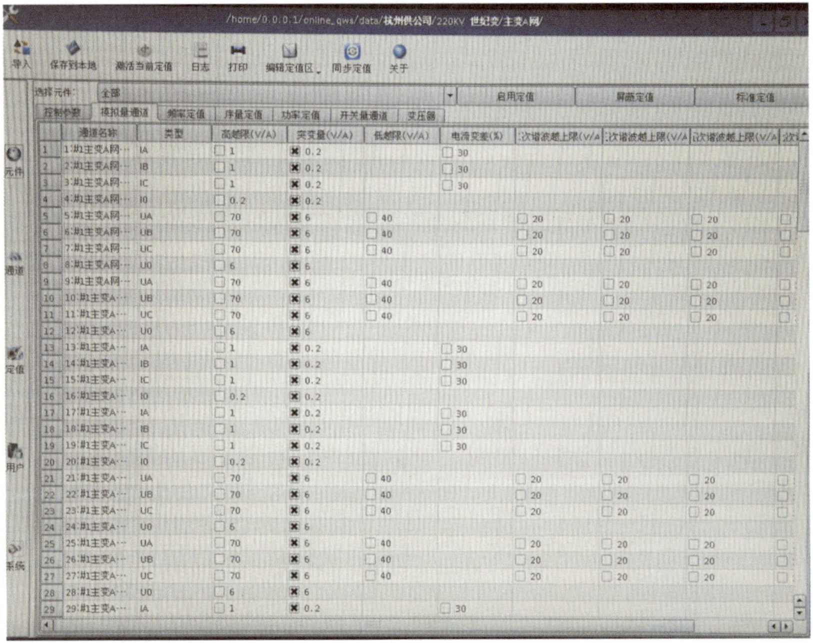

故障录波器模拟量参数配置界面

2. 模拟量采样检查

模拟量采样检查在配置文件下装完成后进行。因为配置工作由手动配置完成，因此容易出错，需要每个采样通道逐一加量验证，以防错漏。

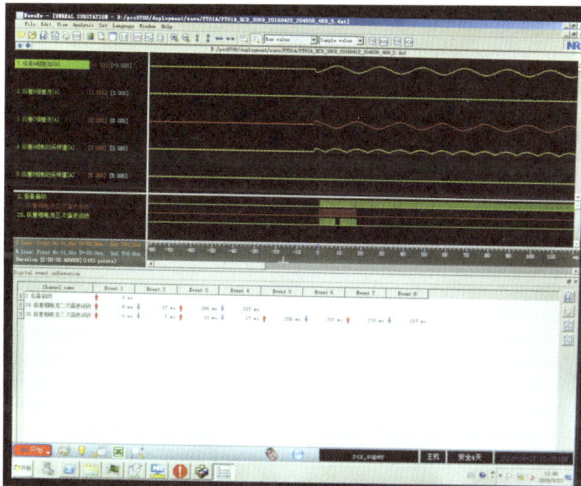

故障录波器模拟量采样界面截图

注意以下事项：

1）保护电压 $3U_0$ 需采用外接开口三角电压；

2）保护电流电压变比应根据实际要求设置，尤其注意零序电压 $3U_0$ 的变比设置；

3）500kV 线路和电流涉及中开关的极性问题，应该根据图纸，手动配置中开关电流的极性；

4）需关注故障录波器每个 SV 口接入的合并单元数量是否均衡、合理，不得造成信息拥堵或丢包、离散值超标。

3．模拟量启动试验

模拟量启动项目包括电流的高越限、低越限、突变量，以及电压的高越限、低越限、突变量等，调试方法同常规站。

> 智能电子设备 IED（intelligent electronic device）：
> 　　包含一个或多个处理器，可接收来自外部源的数据，或向外部发送数据，或进行控制的装置，例如：电子多功能仪表、数字保护、控制器等。为具有一个或多个特定环境中特定逻辑接点行为且受制于其接口的装置。

4．开关量检查

单装置调试时，可以采用网络分析测试仪通过 GOOSE 网直接模拟各个保护装置，或者智能终端发送故障录波器需要采集的开关量信号。

> 什么是 SMV（Sampled Measured Value）？
> 　　采样测量值，也称为 SV（Sampled Value），是一种用于实时传输数字采样信息的通信服务。
> 虚端子（Virtual terminator）
> 　　描述 IED 设备的 GOOSE、SV 输入、输出信号连接点的总称，用以标识过程层、间隔层及其之间联系的二次回路信号，等同于传统变电站的屏端子。

5. 其他

在获得站内设备正式命名文件后，将故障录波器里的线路名称等改为正式命名。关注故障录波器与保护信息管理子站的通信。关注故障录波器每个 SV 口接入的合并单元数量是否均衡、合理，会不会造成信息拥堵或丢包，或者采样离散时间超标。部分故障录波器的测距定值中 R，X 的定值单位是 Ω/km，整定定值时要注意。

六　保护信息子站功能检查

保护故障信息处理系统是一个全新的故障信息处理及控制系统，该系统能将厂微机保护、站微机保护、微机故障录波器、微机稳控装置及非微机型保护开关量信号连成一个多层、多微机类型的综合性故障信息管理系统，对故障信息快速采集、就地显示、打印，并将故障信息经传输网自动上传到主站。主站对上传的故障信息进行整理、综合分析、存档，为电网调度事故实时处理提供电网故障信息。主站能够通过传输网调用所有接入系统的厂站端微机装置的故障信息，检索微机装置正常运行工况和非正常运行工况并对微机及非微机装置进行远程控制，为调度运行人员处理重、特大和复杂事故提供了重要的技术手段，对确保电网可靠、优质供电具有重要作用。

1. 网络结构

保护信息子站主要应用于站内和站间采用 IEC 61850 标准通信的变电站，与站内装置间采用以太网连接，与主站间采用电力数据网连接。子站通过 MMS 网直接与保护和录波等智能装置连接，保护和录波也可根据实际要求进行分网处理。

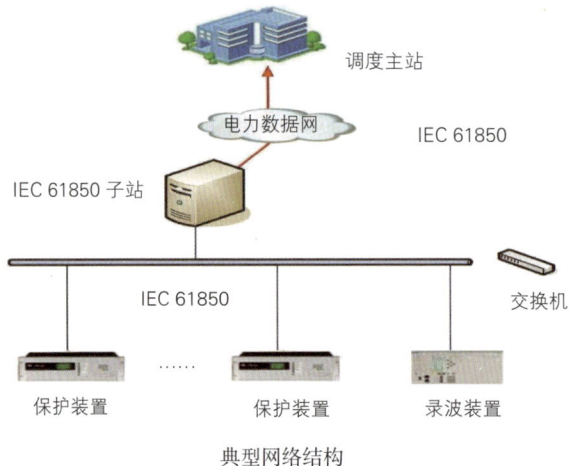

调度主站

电力数据网

IEC 61850

IEC 61850 子站

IEC 61850

交换机

保护装置　　　……　　　保护装置　　　录波装置

典型网络结构

2. 系统功能

保护信息子站采用了模块化的设计模式，内部各个功能通过标准接口连接，具有高聚低耦的特点，子站向外部提供的接口为标准的 IEC61850 和 MMS 所定义的服务接口，提供标准的服务功能。子站安装的后台软件系统，可通过子站查看实时运行信息，对装置进行各种召唤操作。

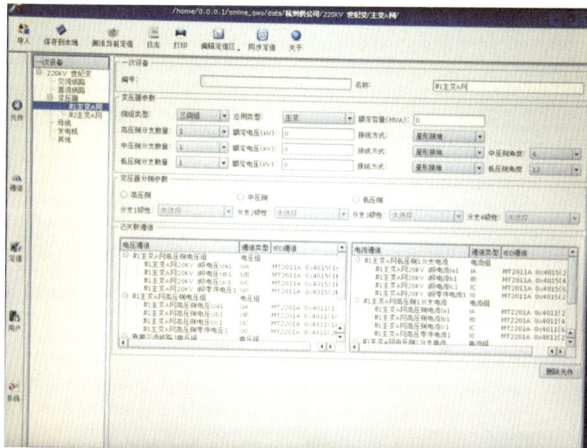

保护信息子站查看装置运行信息界面

3. 功能检查内容

装置显示功能检查	故障报文分析功能检查
配置信息的召唤功能检查	开关量模拟量召唤检查
URI 命名规范性检查	并发处理能力检查
SVG 文件检查	遥控操作功能检查
定值召唤功能检查	存储能力检查
通信状况监视检查	子站上传历史日志功能检查

七　对时设备测试

1. 设备检查

（1）天线外观检查。

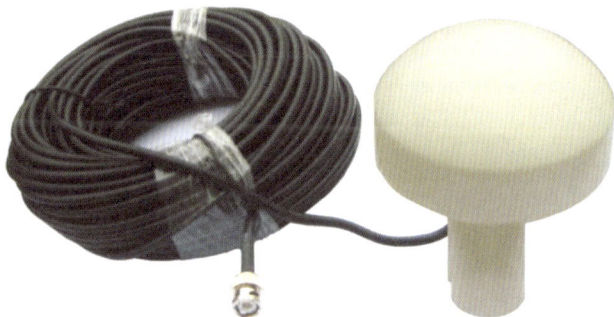

检查内容：

1）天线外观完好，没有破损；

2）户外天线安装位置合理，安装牢固；

3）接收装置天线接口连接牢固。

（2）时钟装置外观检查。

检查内容：

1）各装置（主钟、扩展装置等）应齐全完好，安装位置正确，固定牢固，装置插件接触良好；

2）各按键功能良好；

3）装置外壳应可靠接地；

4）装置型号和规格应符合设计要求，附件齐全，与图纸相符。

（3）设备电源检查。

检查内容：

1）设备主机电源按冗余配置，冗余电源应来自不同电源段，若是交流电源则应由不间断电源供电；

2）屏内时钟装置每一路电源都应有独立空开，电源空开配置符合级差要求，电源线应接入固定端子；

3）断开任一路电源，设备应能正常工作。

（4）设备运行工况检查。

主时钟启动状态检查内容如下：

1）上电检查装置运行正常，电源指示灯正常，无异常告警，通信指示灯正确显示，液晶屏显示正常；

2）主时钟应冗余配置，一台设备停用时，另一台装置功能、性能应正常；

3）主时钟冷启动应能够在 20min 内锁定卫星（不少于 3 颗）。

主时钟运行状态检查内容如下：

1）从主时钟上拔下 GPS 天线，卫星失锁后，插上天线，时钟能够在规定时间内重新锁定卫星（不少于 3 颗）；

2）从主时钟上拔下北斗天线，卫星失锁后，插上天线，时钟能够在规定时间内重新锁定卫星（不少于 3 颗）。

主时钟信号源切换检查内容如下：

双时钟互备状态下，同时断开主时钟 A（B）的北斗卫星和 GPS 卫星信号输入，主时钟 A（B）的信号源应自动切换为主时钟 B（A）的 IRIG-B（DC）输出信号；当主时钟 A（B）的北斗或 GPS 卫星信号输入恢复时，主时钟 A（B）应自动切换为北斗或 GPS 卫星信号输入状态。

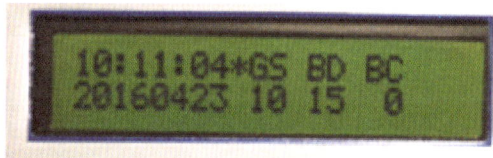

液晶画面显示此时 GPS 为信号源

> **注意事项：**
>
> 1）断开北斗卫星信号源输入，主时钟应自动切换为 GPS 卫星信号源输入状态；
>
> 2）断开 GPS 卫星信号源输入，主时钟应自动切换为北斗卫星信号源输入状态；
>
> 3）主时钟开机默认卫星信号源设置为北斗卫星。

扩展时钟信号源切换检查内容如下：

1）双主时钟配置模式下，扩展时钟配有两路外部时钟源信号输入，其中任一路时钟源信号输入异常或消失，扩展时钟应能自动切换至另一路时钟源信号输入；

2）当异常或故障的外部时钟源信号恢复正常后，扩展时钟应保持当前时钟源信号输入。

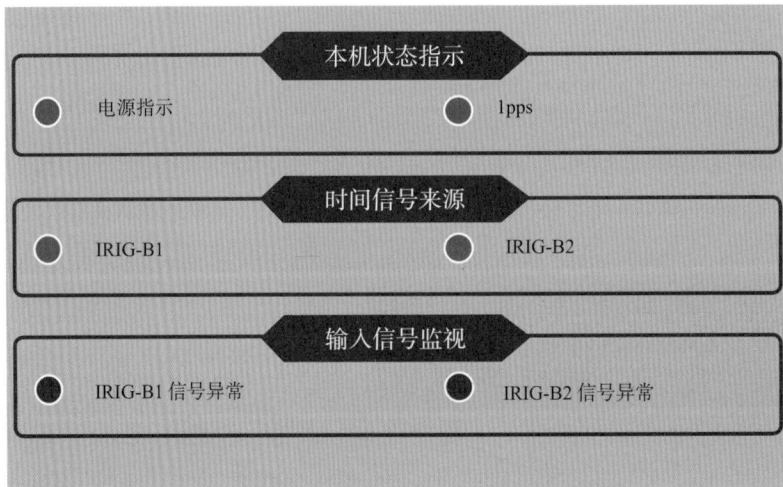

2. 时钟装置功能测试

（1）守时精度测试。检查内容如下：

1）断开主时钟装置天线信号输入，主时钟应能守时，守时精度不大于55μs/h；

2）断开扩展时钟装置信号输入，扩展时钟应能守时，守时精度不大于55μs/h。

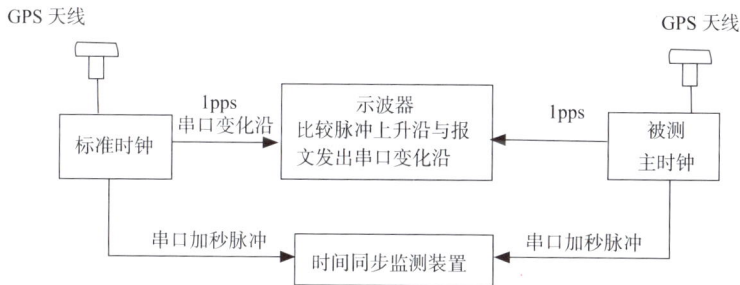

GPS 天线

GPS 天线

| 标准时钟 | | 示波器
比较脉冲上升沿与报文发出串口变化沿 | | 被测
主时钟 |

串口变化沿   1pps

1pps

时间同步监测装置

串口加秒脉冲

串口加秒脉冲

1）应测试 12h、24h 两个点，在 24h 内时间误差应小于800μs。

2）按规范要求，采用时间同步监测装置来监视被测主钟与标准时钟，以保证比较的是同一秒时刻秒脉冲。

（2）对时精度测试。检查内容如下：

1）对主时钟信号输出进行精度测试，精度应满足技术要求；

2）对扩展时钟信号输出进行精度测试，精度应满足技术要求。

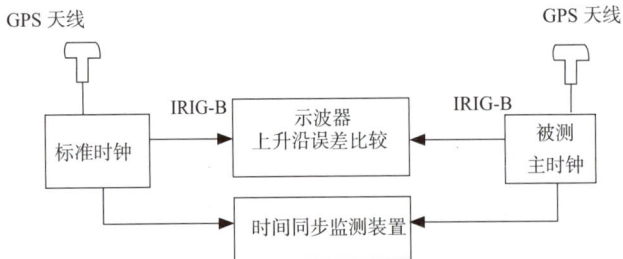

GPS IRIG-B 码上升沿误差测试示意图

注意事项：

1）准时上升沿的时间准确度应 ≤ 1μs；

2）IRIG–B（DC），TTL方式幅值 2.7V ≤ U_h ≤ 5V。

（3）网络对时功能测试。检查内容如下：

被测主时钟要求至少具有 2 个 RJ—45/100M 自适应以太网接口，且网口间传输层隔离，并能各自独立配置地址及路由。具备远程管理功能。

支持以下网络协议：

NTP v2，v3 & v4（RFC1119& 1305）；

NTP broadcast mode：

SNTP Simple Network Time；

Protocol（RFC2030）。

5031 开关测控	
被测对象同步偏差	0.000323
金永线 5031 开关测控对时异常	
金永线 5031 开关测控对时服务异常	
金永线 5031 开关测控对时时间跳变	
被测控对象服务状态	

监控系统网络对时，召唤时间图

（4）告警功能测试。检查内容如下：

模拟装置异常或故障状态，装置应能正确报警。

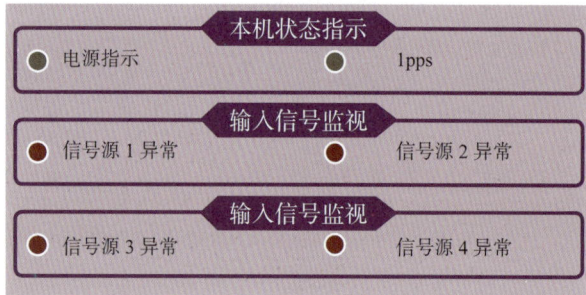

本机状态指示	
● 电源指示	● 1pps
输入信号监视	
● 信号源 1 异常	● 信号源 2 异常
输入信号监视	
● 信号源 3 异常	● 信号源 4 异常

注意事项：

1）要求主时钟至少提供一副无源空接点可设置为天脉冲形式，作为天脉冲告警信号提供调度主站；

2）无源空接点耐压不小于 250V；

3）各类告警信号必须明确区分，如一路电源失电不影响装置正常运行，不能与装置故障信号合并。

Part 5

介绍保护整组联动工作的内容、方法、注意事项。针对每个回路的实际操作、测量、控制等验证工作，是所有虚回路的真实反映，可最大程度保证未来系统安全稳定运行。

保护设备整组联动篇

一　保护整组联动

1. 传动工作准备内容

试验仪器（继电保护校验仪、网络分析仪等），图纸、试验报告等已准备。通信畅通，安全监护人员到位。

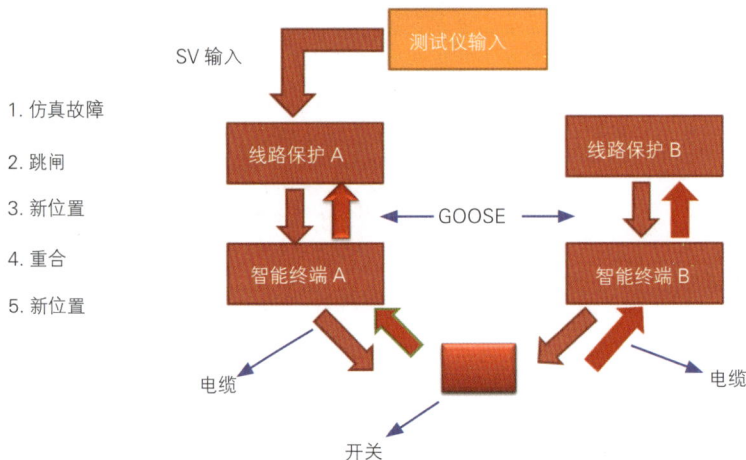

2. 传动工作人员分组、分工情况

根据实际情况，人员分若干组配合进行试验。若为常规采样保护装置，则分四组：保护加量、观察保护动作情况及投退 GOOSE 出口软压板一组；母差保护、开关保护、故障录波等观察开入量一组；现场观察开关实际动作情况及投退出口硬压板一组；后台查看保护动作报文及开关动作信号情况一组；若为合并单元采样，则保护加量需单独设置一组，需在合并单元处就地加量。

3. 整组传动试验项目的主要内容

（1）各电源上电前后检查，上电前检查正负电源之间的电阻值，确认不存在短路现象方可上电，各电源上电后检查电源之间的电压是否正确，检查直流电源正负对地电压数值是否正确，且正负对地之间的电压值是否均衡，检查直流电源与其他各组电源回路之间是否存在着寄生回路，确保各组电源之间不存在着互串的可能。

（2）在传动试验中检查各个信号的状态，确保每个信号的实际状态与测控装置显示、后台光字及报文显示、远动数据的状态显示、网络分析仪的信息显示、故障录波器的状态信息显示、保护信息子站的信息状态显示均一一对应。

（3）检查各保护装置开关量输入的正确性，验证 GOOSE 软样板正确性。验证智能终端之间"相互闭锁重合闸"回路、第二套智能终端"合后"开入回路、第二跳闸回路的"控回断线"回路等的正确性。

（4）进行母线保护同步传跳所有断路器时，宜使用网络报文分析测试仪，监视 GOOSE 网络、MMS 网络中是否有异常报文、网络风暴现象、网络流量是否超设计限值。

（5）进行开关传动试验，分别进行开关闭锁试验，开关就地、远方跳合闸试验，开关防跳、偷跳试验，开关三相不一致保护传动试验。

（6）进行保护传动试验，分别进行开关联动试验，与其他保护及开关联动试验。必须核对保护整组出口时间不得大于设计值。保护采取直跳方式设计的，验证智能终端不接受保护装置组网口发出的 GOOSE 跳闸令。

（7）进行闸刀就地控制操作试验、远方控制操作试验，各间隔合并单元"闸刀切换"功能回路验证试验。检查母设合并单元"并列"功能是否正常。

（8）进行主变压器本体回路联动试验（只适用于变压器保护调试），分别进行非电量保护回路，冷却器回路，有载调压或无载调压回路，温度计指示回路，在线滤油机回路，在线气体检测仪回路等回路的验证试验。

（9）检查各户外智能终端箱的温、湿度在后台显示值是否正常。

（10）两套母线保护的"母联手合"开入回路验证。

（11）监控系统与各保护装置的定值区切换、定值调阅打印、软压板投退等功能试验。

（12）传动过程中宜同步完成合并单元与保护装置之间、保护装置与保护装置之间的检修机制验证。

4. 整组传动试验工作要点

（1）检查交流与直流间、各路直流回路间应无互串现象；确定直流回路应无接地。

（2）开关信号及跳合闸闭锁试验：在开关安装人员的配合下，对液压储能开关进行放压试验，在开关压力缓慢下降的同时，观察"闭锁重合闸""闭锁开关合闸""闭锁开关分闸"等相应信号应依次出现，并在保护装置中有正确反映。弹簧操作机构应检查弹簧未储能时合闸回路必须断开。

（3）开关就地试验：在就地分合开关各三次，开关工作正常。

（4）开关远控试验：开关就地试验结束后，置远方控制状态，进行远方操作试验，在监控屏上操作分合开关各三次，开关工作正常，检查智能终端箱的跳合闸指示灯应正常。模拟分相跳开关，应核对开关动作相别和保护跳闸相别一一对应。

（5）开关防跳试验：分别对各组、各相跳闸绕组进行防跳试验，工作应正常。

（6）保护传动开关试验：在开关试验完成的基础上进行，传动项目要求齐全，直接动作跳闸的压板最少应连同开关跳闸一次。传动的同时，核对监控后台的信号光字牌显示应正确。各种闭锁回路工作正常。

（7）闸刀辅助接点重动回路传动：实际操作隔离开关，检查辅助接点的开关状态应符合设计要求。

（8）检查合并单元无 GPS 对时信号时应告警。

（9）冷却器回路传动（只适用变压器保护调试）：核对交流电源的电压、相序、检查电机间电阻、热脱扣继电器和空气开关的整定值后方可进行，各风扇、油泵旋转方向应正确，按负荷、油温高、开关位置控制及手动启动风扇、油泵回路应正确。

（10）非电量保护传动（只适用变压器保护调试）：传动应在了解气体、压力释放、压力突变、温度接点动作原理后方可进行机械试验，试验时必须由安装人员配合进行。

（11）调压回路传动（只适用变压器保护调试）：有载调压回路传动应在高压试验完成并明确挡位升降的旋转方向后进行。传动时应先确认交流电源的电压、相序正确，紧急脱扣试验可靠。

5. 整组传动试验注意事项

（1）在传动过程中，若发生异常情况时应确保能迅速切断电源。

（2）进行总体整组传动试验时应按设计二次展开图逐条进行，不得遗漏。

（3）进行传动过程中不允许利用短接接点的方式进行传动试验，试验中各种闭锁回路工作应正确。

（4）经整组传动试验确认正确的回路严禁随意更改。

（5）经整组传动试验确认正确的 SCD 文件、CID 文件严禁随意改动。

二 检修压板功能验证

1. 试验前准备

（1）检查各被试装置配置下装完成，装置之间通信正常，无断链、报警等异常状况，二次回路检查正确，智能终端可正确出口；

（2）检查各被试装置在检修压板未投入的情况下，各需验证的相关功能全部正常且验证完毕，如保护装置与智能终端、合并单元之间的配合正常，测控装置与智能终端、合并单元之间的配合正常，保护装置之间的启失灵功能正常等。

2. 试验方法流程

流程 1：被试装置 A 检修压板投入，被试装置 B 检修压板退出，用试验仪器使被试装置 A 做需验证情况，检查被试装置 B 处的动作情况。

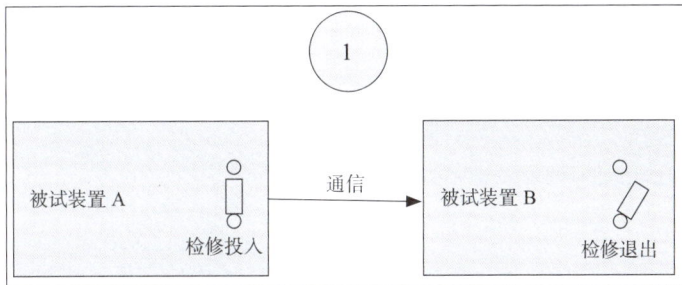

流程 2：被试装置 A 检修压板退出，被试装置 B 检修压板投入，用试验仪器使被试装置 A 做需验证情况，检查被试装置 B 处的动作情况。

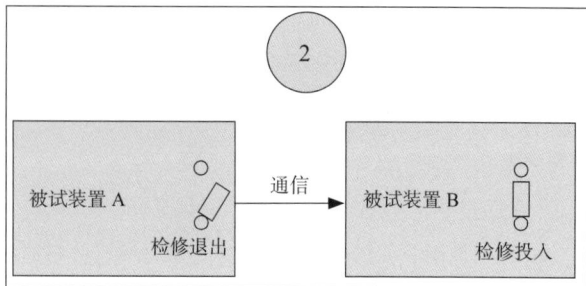

流程 3：被试装置 A 检修压板投入，被试装置 B 检修压板投入，用试验仪器使被试装置 A 做需验证情况，检查被试装置 B 处的动作情况。

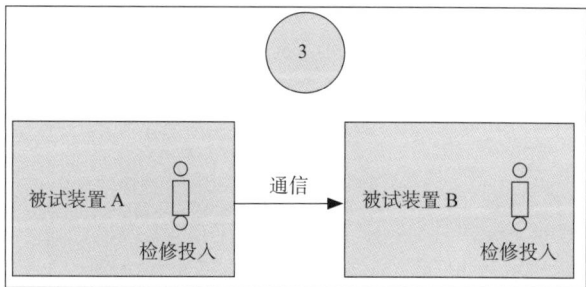

三　GOOSE二维表检查

1. 试验内容

（1）检查各装置 GOOSE 参数设置是否正确，检查被测装置是否处理。

（2）检查 GOOSE 断链是否能正确上报。

（3）检查 GOOSE 发送策略（发送间隔，发送序号）是否符合标准。

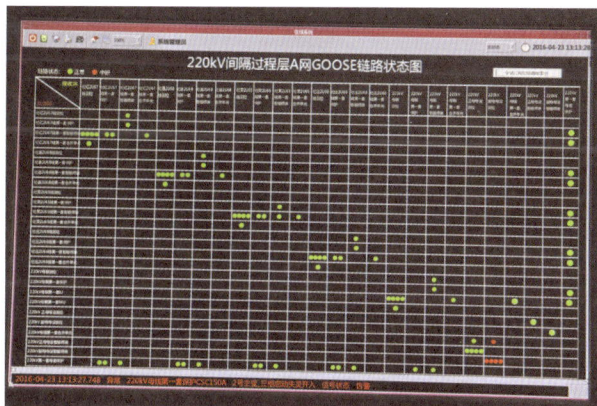

2. 试验前准备工作

（1）站内装置组网已完成；

（2）各装置 SCD 文件已下装，并测试正确；

（3）后台GOOSE断链二维表画面制作已完成。

3. 检查方法

根据设计虚端子及 SCD 文件，在 GOOSE 传输（组网或直跳）的两台装置（如 5011 智能终端、5011 开关保护）之间选定一台装置（如 5011 开关保护），取下传输 GOOSE 光纤的接收端，经过一定延时（约为 $2T_0$ 时间），检查保护装置及后台 GOOSE 二维表，应显示告警信息"5011 开关保护接收 5011 智能终端 GOOSE 断链"，恢复光纤后，告警信息应能自动复归。

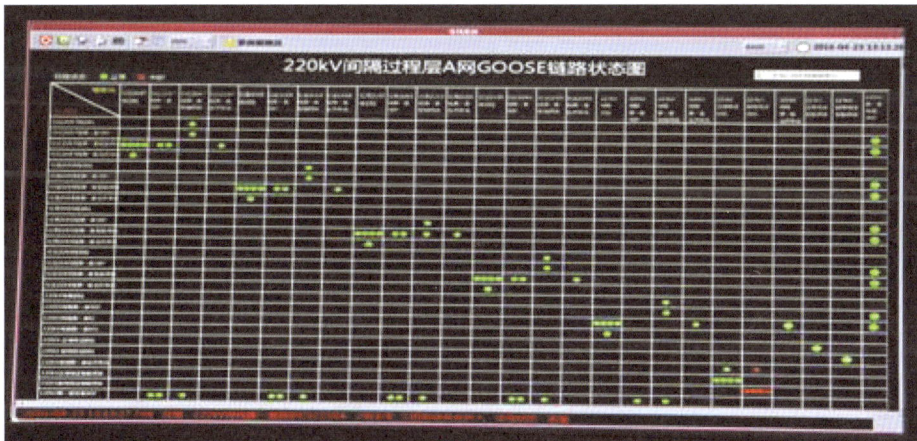

Part 6

整站通流、通压试验篇介绍整站通流、通压工作的内容、方法、注意事项。这项试验可以最大程度地验证二次系统对一次系统电压、电流的采样结果是否满足设计要求，是否满足各智能IED设备原理要求。

整站通流通压试验篇

一　必备条件

（1）全站 TA、TV 二次回路的接线正确，端子排引线螺丝可靠紧固，端子的连接片可靠紧固；

（2）电流、电压二次回路绝缘测试结果符合设计要求；

（3）电流、电压二次回路的接地点与接地状况符合设计要求；

（4）TA、TV 的极性、变比符合设计、调度、计量相关要求；

（5）保护传动和信号核对工作已完成；

（6）针对 ECVT，要求其引线连接可靠，引线屏蔽层接地可靠，采集模块调试工作完成，模块运行稳定；

（7）针对光 TA、光 TV，要求其光缆回路熔接完成，采集单元、合并单元调试工作完成，采样延时稳定且已实测。

二　工作流程

（1）一次通流试验，指在 TA 一次侧通入一定量值的三相对称电流，模拟 TA 运行，通过检查二次电流的幅值和相位，来验证 TA 二次接线符合设计要求。试验电流通过主接线、接地闸刀、地网构成回路。变压器升高座套管 TA 变比极性检验，可以通过将变压器一侧绕组三相短接，另一侧绕组接入一定幅值的三相电压，利用"绕组短路试验"电流进行检验。"通流通压"专用试验装置输出的电流电压相角可调。

（2）二次通压试验，指在 TV 二次回路上进行通压试验（TV 二次绕组退出，且隔离可靠，严防电压倒送），三相电压的加压地点宜在"通流通压"专用试验装置附近的 TV 端子箱处；电压接入前，应检查电压二次回路，防相间短路或直接接地。

（3）试验时，首先加出一小量值的保护电压、测量保护，检查电压回路无异常后，方允许升至正常电压三相电压。升流时先加小电流，确认电流回路正常后方可正常升流。

（4）试验过程中如发现二次电流、电压异常现象，应立即关停试验装置，待查明原因后方允许再次进行通流通压试验。

（5）针对使用 ECVT 或光 TA 和光 TV 的智能变电站，宜进行"一次通流一次加压"试验，可最大程度验证其电流、电压之间的相对极性是否满足设计要求。

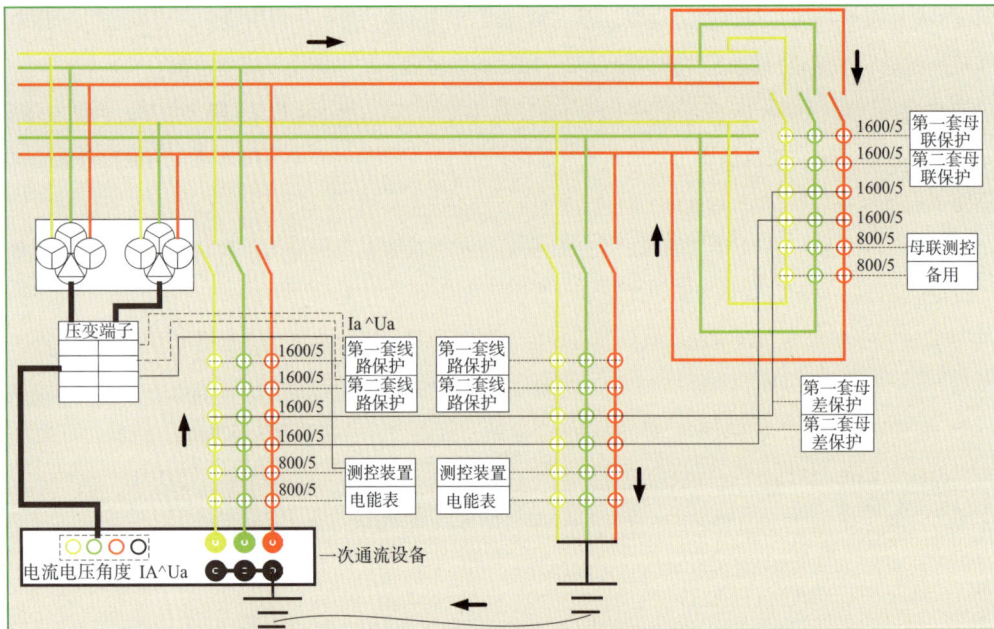

一次通流、二次通压示意图

Part 7

投产试验篇介绍智能变电站启动投运阶段继电保护调试工作内容、方法、注意事项等。以试验内容为主线，对试验条件和流程、注意事项进行阐述。

投产试验篇

一　必备条件

编号	内容
1	全站继电保护及自动化装置已完成调试，二次回路已完善，保护装置投产整定单已整定并核对
2	投产启动方案已学习，投产试验方案已编写，投产试验工作票已开具
3	投产试验图纸资料、设备和工器具已备齐
4	投产启动方案和投产试验方案、工作票内容交底已完成

二 工作流程

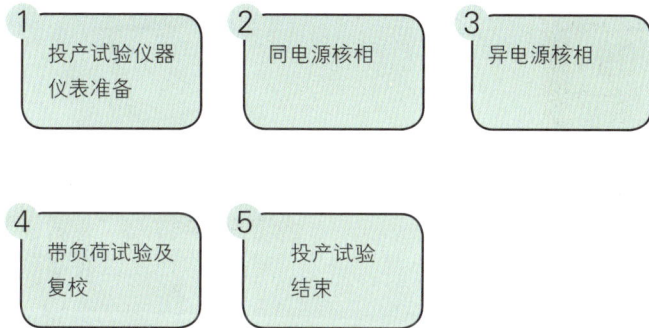

1 投产试验仪器仪表准备	**2** 同电源核相	**3** 异电源核相

4 带负荷试验及复校	**5** 投产试验结束

1. 投产试验仪器仪表准备

现场测试仪表至少应比检测设备高两个准确度等级，且具有有效的检定证书，性能稳定。

1）万用表

功能说明：测量直流电流、直流电压、交流电压、电阻和音频电平等。

要求：电压测量误差小于 1%

2）钳形相位表

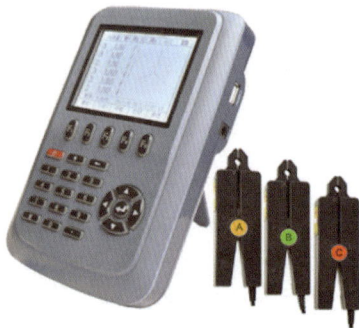

功能说明：实时测量三相电压、电流、相位关系及向量图；频率、有功、无功功率、功率因数及视在功率的分相及总和功率。

要求：电压测量误差小于 0.2%、电流测量误差小于 0.2%、角度测量误差小于 1°。

3）数字测试仪　　　　　　4）笔记本电脑　　　　　　5）拖线盘

功能说明：电压核相、保护带负荷等试验中用于接收显示 SV 通道采样。
要求：支持 IEC61850-9-1/2、IEC 60044-8 规约

功能说明：查看 scd 文件，记录文档，报文截取分析等功能。

功能说明：在进行核相、带负荷时用于 TV 二次电压的长距离引接。
要求：缆线带试验接头，截面大于 4mm²，不少于 4 芯，长度大于投产过程中需要引接电压的智能终端柜之间的最大距离。

2. 同电源核相

电压幅值、相序测量。

在正、副母母设智能终端柜端测量不同电压互感器二次绕组电压幅值。测量电压内容包括：保护、测量绕组 UA、UB、UC（相电压）、UAB、UBC、UCA（线电压）以及 UL（开口三角电压）、Us（抽取电压）、Us-a、Us-b、Us-c（抽取电压对保护电压）、Us-L（抽取电压对开口三角电压）。

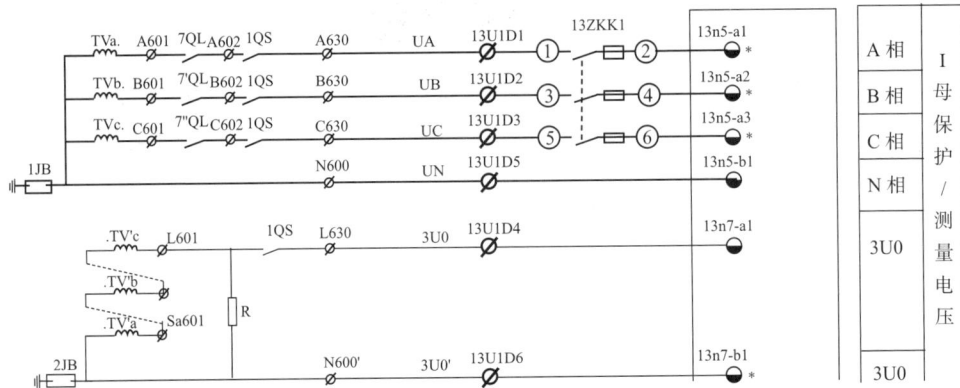

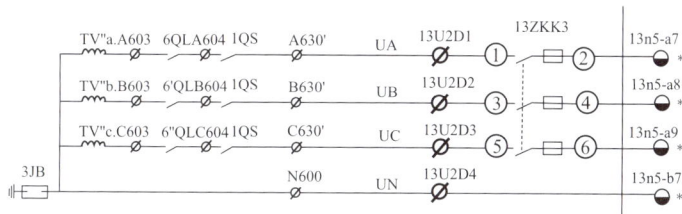

3. 异电源核相

异电源核相在连接两个不同电源的母线电压之间进行，依次测量电源1的A、B、C相以及N600对电源2的A、B、C相以及N600电压。在同电源核相正确的前提下，可以选择两个电源的计量绕组或者保护绕组电压进行核相。

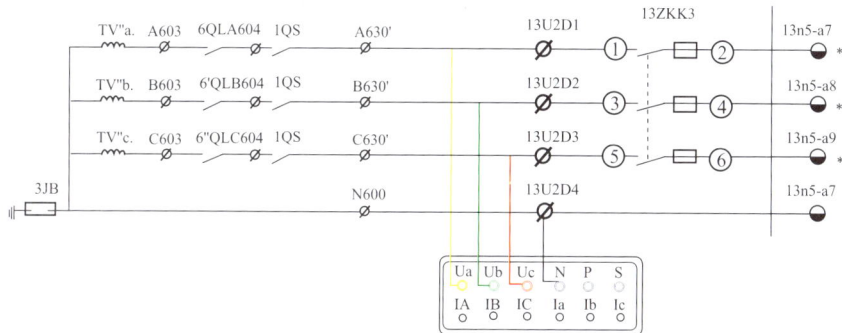

4. 带负荷试验及复校

（1）电压线的连接：使用专用电压测试线（黄、绿、红、黑四组），一端依次插入钳形相位表的 Ua、Ub、Uc、N 相插孔中，另一端再接入被测线路的 A 相、B 相、C 相、零线。

（2）电流线的连接：将 Ia、Ib、Ic 钳表插入本仪器 Ia、Ib、Ic 插孔中，再将另一端分别卡入被测电流回路。

（3）开机测试，根据测量电流的额定值选择量程。

（4）读取钳形相位表上显示的电流、电压、角度等测量数据并在试验报告中记录。

5. 应用ECVT或者光TA、光TV的智能变电站核验相、带负荷

（1）没有应用"常规 TA、TV 加模拟量输入式合并单元"采样模式的智能变电站，必须在调试

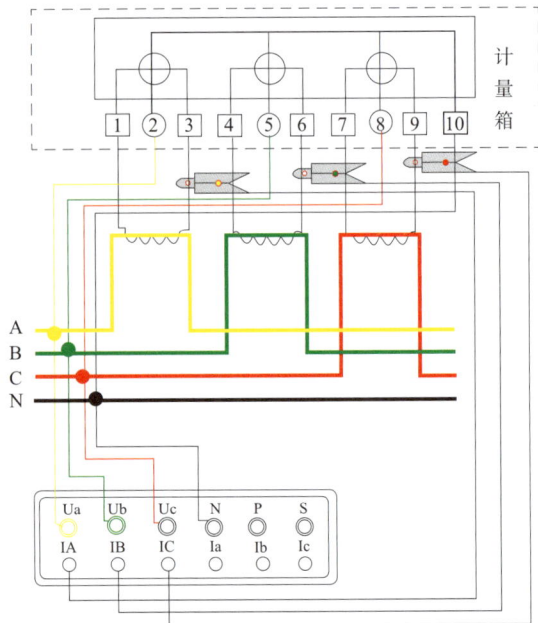

阶段应运用"一次加压一次通流"的方法，在二次设备终端（故障录波器、保护装置、网络分析仪等）通过分析电压、电流采样实时波形进行站内一次设备相位定位检查（三相母线在同一母线桶内的 GIS 设备，其相别定义出错还是可能的），以及电子式（光 TA、光 TV）互感器输出电流、电压间的相位（极性）检验。

（2）在双母线带同电源运行时，在二次设备终端（故障录波器、保护装置、网络分析仪等）通过分析电压采样实时波形来核验两条母线电压幅值一致、相位差接近于零度值。

（3）在双母线带异电源运行时，再次核验两条母线电压幅值相近、相位差相近。

（4）在设备带上负荷电流后，基于对侧站送出线路的功率角度，在本侧站二次设备终端（故障录波器、保护装置、网络分析仪等）通过分析电压、电流采样实时波形确认本侧间隔的电流电压夹角是否正确。

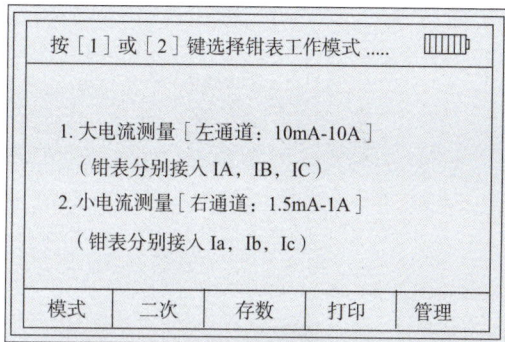

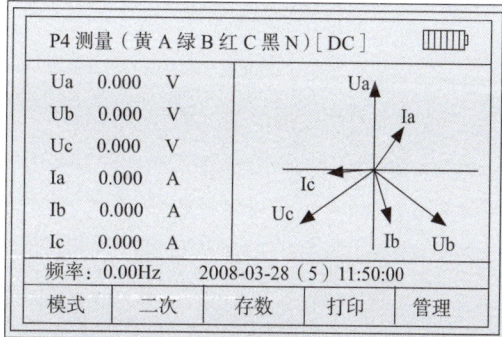

按［1］或［2］键选择钳表工作模式......

1. 大电流测量［左通道：10mA-10A］
   （钳表分别接入 IA, IB, IC）
2. 小电流测量［右通道：1.5mA-1A］
   （钳表分别接入 Ia, Ib, Ic）

模式	二次	存数	打印	管理

P4 测量（黄 A 绿 B 红 C 黑 N）［DC］

Ua	0.000	V
Ub	0.000	V
Uc	0.000	V
Ia	0.000	A
Ib	0.000	A
Ic	0.000	A

频率: 0.00Hz   2008-03-28（5）11:50:00

模式	二次	存数	打印	管理

Part 8

工器具使用介绍篇介绍智能变电站继电保护现场调试工作常用的两种测试仪的使用方法、注意事项等。为调试人员运用仪器提供参考。

工器具使用介绍篇

一 三相数字式测试仪使用介绍

本书仅介绍合并单元测试仪的使用，其他模数一体或纯数字测试仪的使用基本大同小异。与常规测试仪的区别在于涉及 SCD 文件导入、GOOSE 及 SMV 通道定义等，缘于同型号 IED 设备在"实例化"后，其开入开出信号各不相同。

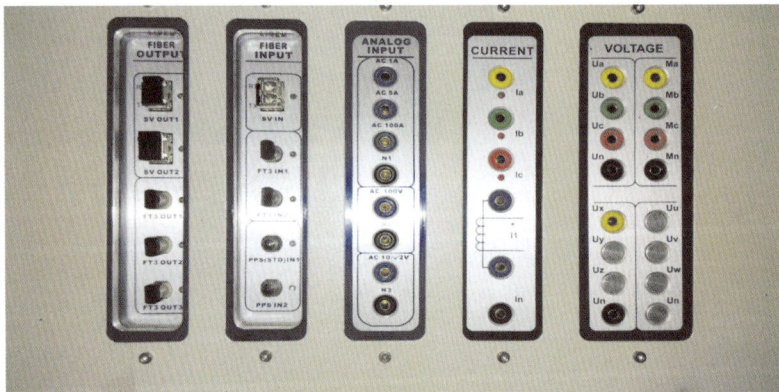

二 模拟量输入式合并单元校验仪使用介绍

1. 测试仪面板说明

下图所示为仪器接线面板的接线示意图。该仪器为单相测试仪，因此图右侧的电压通道 Ua 和 Un 除了连接到设备还要并联到图中间 AC100V 处，电流通道也要串入 AC1（或 5、100）A 处。左侧绿线处的"SV IN"端子接合并单元测试口，黄线处的"PPS（STD）IN1"端子接合并单元 PPS 输出口（测试方法选为"同步法"时需连接合并单元 PPS 输出信号）。

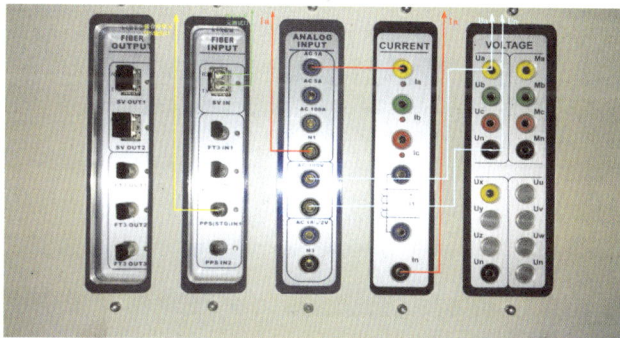

2. 测试仪侧面板说明

下图所示为仪器状态指示和对时模块的接线示意图。测试方法选择为"同步法"时，需给合并单元提供一个由试验仪器发出的 B 码对时信号，此时应将图中 IRIG–B 的 TX 口通过光纤连接合并单元的 IRIG–B 对时输入口（图中红线所示）；右侧 USB 口可接入键盘、鼠标等设备（图中黄线所示）。

3. 开机界面

开机界面上点击 MUMain.exe，进入右图所示的试验界面。在该界面中有 6 个功能模块，现场的合并单元校验一般只用"常规测试（模拟入—数字出）"和"暂态测试（模拟入—数字出）"两个模块。

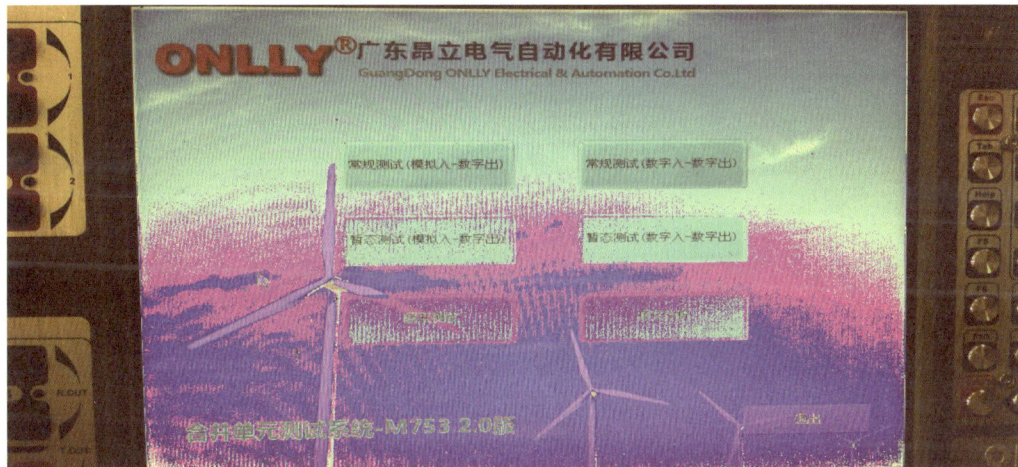

4. 常规测试模块

常规测试模块是本仪器中最常用的一个模块，主要用于合并单元的常规项目测试，如基本的通道角比差试验，合并单元延时、对时精度、守时精度测试，SMV 报文离散度测试及错误检测等。

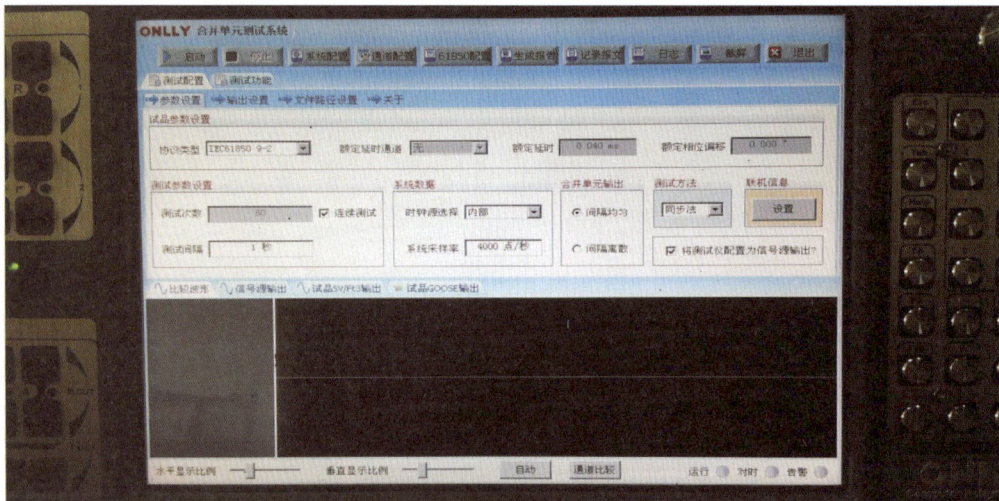

（1）系统配置。首先进行系统配置。点击系统配置，进入下图所示界面，先配置系统参数。该窗口中的参数一般为默认，比较重要的参数是"B码输出设置"，如果后续的测试模式选为"同步法"，此处选择框应打钩。全部设置完成后，必须点击"设置"按钮。

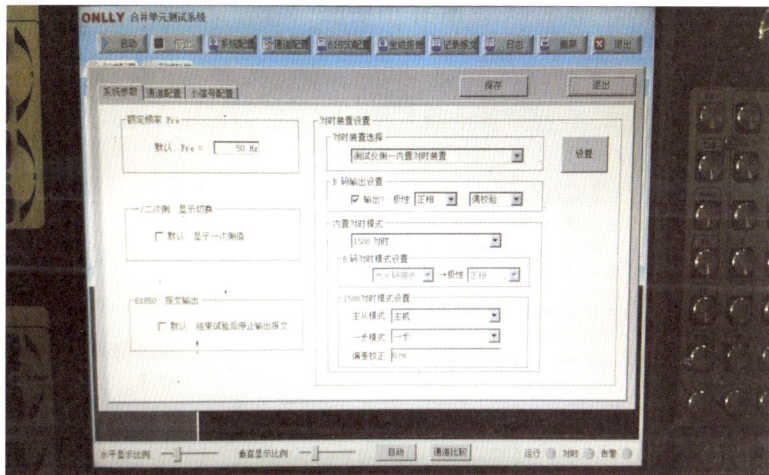

（2）通道配置。在系统配置页面中，点击通道配置选项卡，进入下图所示的界面。该界面上的通道配置必须按以下方法进行配置：即 Ua、Ub、Uc、Ux 的电压输出方式应选为内部功放输出，Ur、Us、Ut 电压输出方式应选为小信号，Ia、Ib、Ic 电流输出方式无法更改，其他都选为数字量 9–2。变比参数按所需的值进行整定。全部设置成功后点击"保存"。

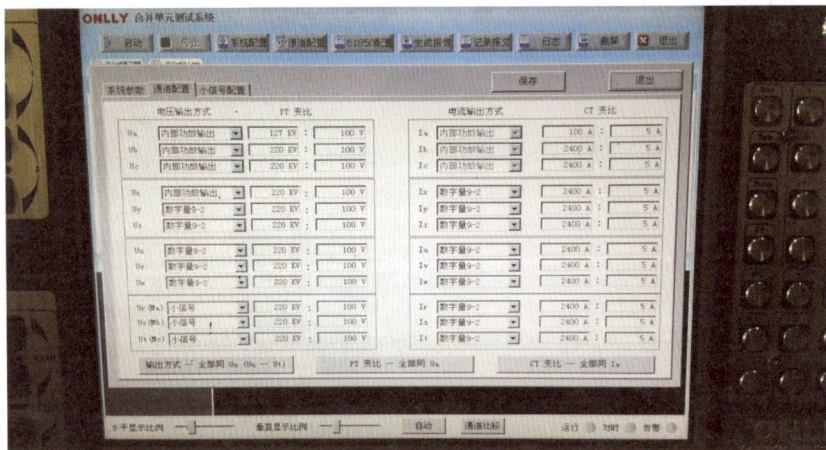

（3）通道配置。系统配置完成后，需进行通道配置。点击"通道配置"进入下图所示的通道配置主界面。

（4）SCD文件导入。首先导入SCD文件。点击"加载SCD"，点击"打开SCD文件"，进入下图所示的界面，并选择需要加载的SCD文件。

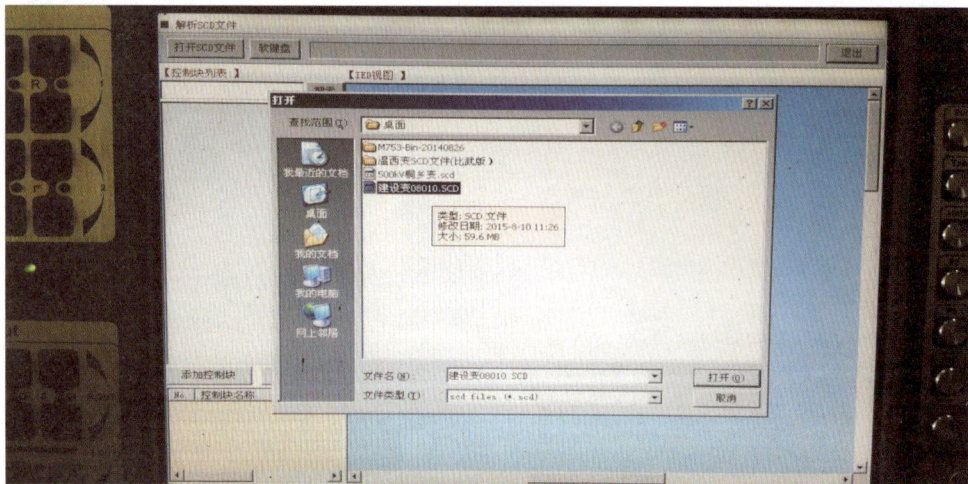

（5）添加控制块。选择需要测试的合并单元对应的控制块，点击"添加控制块"，最后点击右上角的"退出"，回到通道配置的主界面。

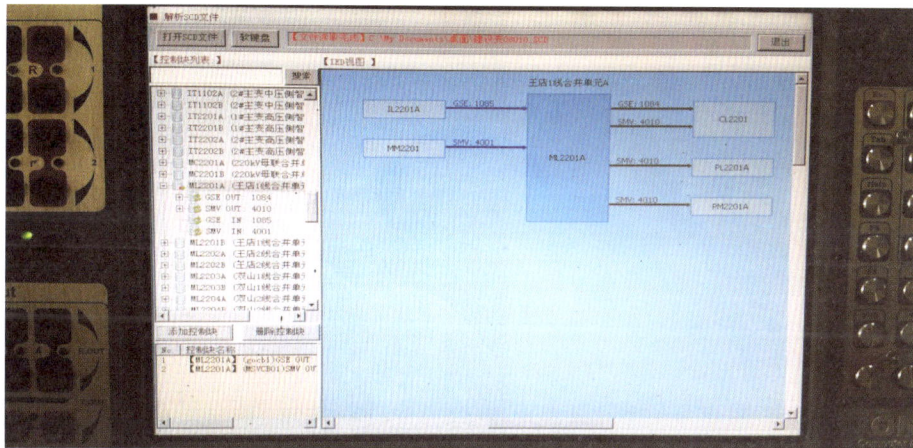

（6）选择输出通道。首先选择已加载的控制块并在前面打勾，然后在需要测试的模拟量通道前打勾，并根据实际接线正确选择对应的测试仪输出通道和电流电压通道的挡位。

注：电流1A挡主要用于二次额定电流为1A的合并单元常规功能校验，5A挡主要用于二次额定电流为5A的合并单元常规功能校验，100A挡则是用于模拟大电流情况下的合并单元校验时所用，单通道的合并单元校验仪需要与上述接线图所示的通道相配合。当小电流用于大电流挡位采集时，可能会采样不准；而大电流用小电流挡位采集时，可能会造成电流回采通道烧坏等故障。电压通道也只需选择相应的电压即可。右边上图是电流通道选择示意图，下图是电压通道选择示意图。

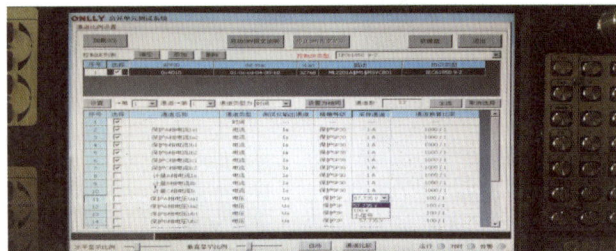

（7）通道设置。设置完成后，如下图所示。其中特别需要注意的是，控制块前和各需要测试的通道前的勾选项必须打上，否则对应通道无数据显示。设置完成后，点击右上角的退出，回到测试界面。

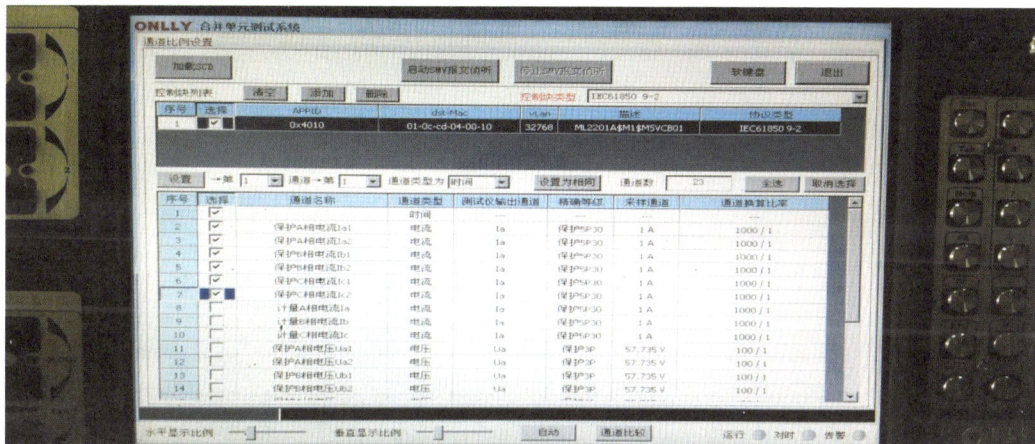

（8）测试方法选择。设置完成后，回到"测试配置—参数设置"界面。此界面有几个注意点：① 测试参数设置中"连续测试"前勾选项需打上，否则测试出的波形将只有一小段；② 测试方法中若选择"插值法"，则需要选择额定延时通道（一般为第一通道）以及输入额定延时，若选择"同步法"，则无需填入，但是需连接相应光纤；③"将测试仪配置为信号源输出"必须打勾，否则测试仪无法输出模拟量。

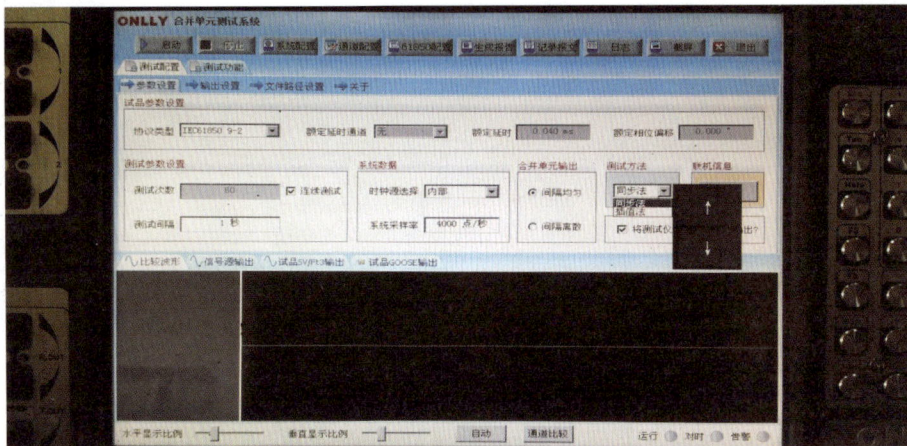

（9）选择测点。点击测试配置——输出设置，进入下图所示的选项卡，在此页面输入需要测试的电流电压测点。

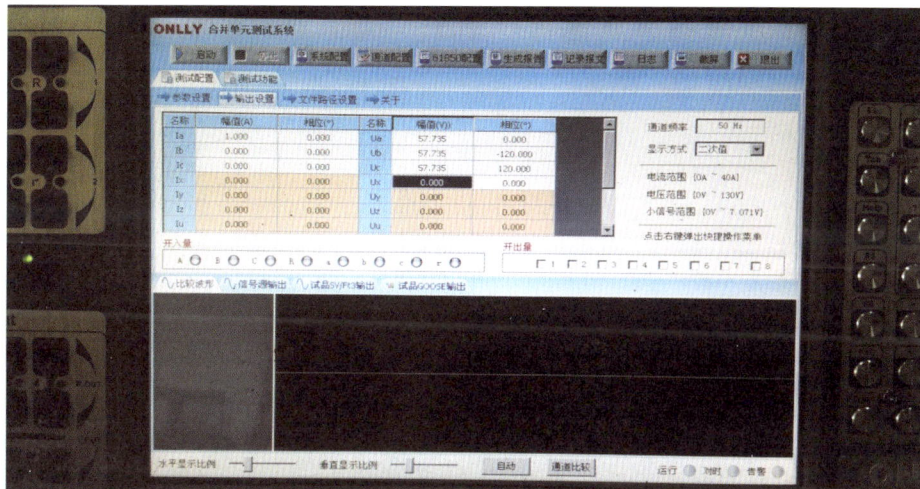

（10）启动测试。点击"启动"，即可启动测试。如下图所示，在"测试功能"页中可以查看各测试项目，如输出精度（即角比差）、采样离散度、对时误差、守时误差等。在测试过程中也可回到上述"测试配置—输出设置"页中，直接更改不同电流通道的电流值，进行不同测点的测试。

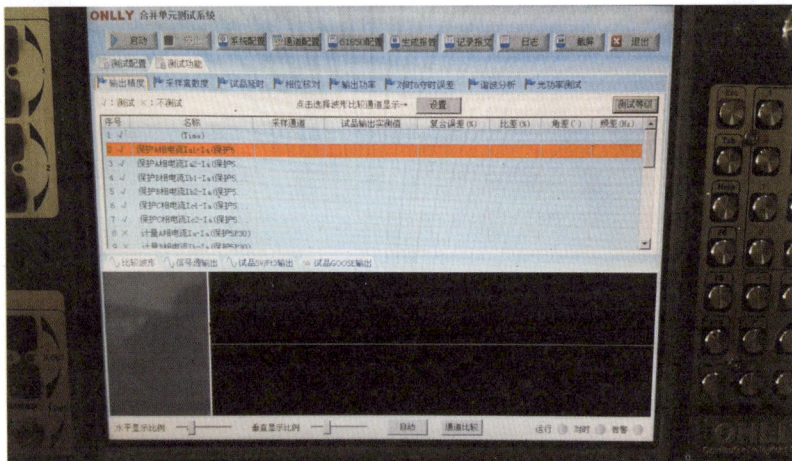

5. 暂态测试模块

暂态测试是在测试合并单元中故障状态时的暂态性能时所用的模块，可以分析合并单元在接收到故障电量信息时的采样值输出首周波形是否与实际情况的一致性情况。

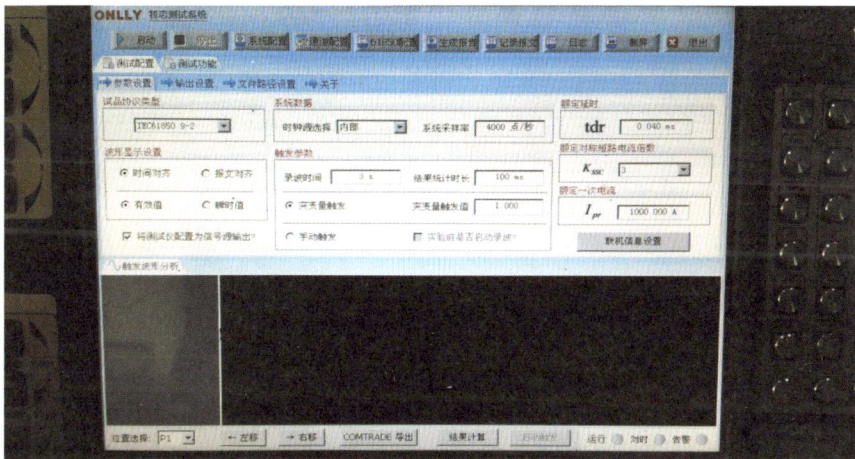

（1）点击测试软件中的"暂态测试（模拟量入—数字量出）"，进入上图所示界面。首先设置参数、配置通道，具体方法与"常规测试（模拟入—数字出）"中的设置方法一致。需要注意的是，暂态测试时"通道配置"选项卡中只能选择唯一的一个通道进行测试。在"测试配置—参数设置"选项卡中，几个需要注意的设置点：① 波形显示设置选"时间对齐"或"报文对齐"均可，只是最后的波形测试结果坐标原点显示不同；②"将测试仪配置为信号源输出"必须打勾；③ 触发参数中"突变量触发"勾上，可以自动触发录波。

（2）在"测试配置—输出设置"选项卡中，设置两个状态，状态 1 为正常状态（三相电压正常，三相电流为 0），状态 2 为故障态（可设置一个单相电流增大，单相电压减小的故障，增大的电流应设为与前面"通道配置"里配置的相同的通道，否则无法完成测试）。如下两幅图所示。

全部设置完成后，点击"启动"，在"测试功能"选项卡以及下面的"触发波形分析"界面可以读取相应的数据和波形。

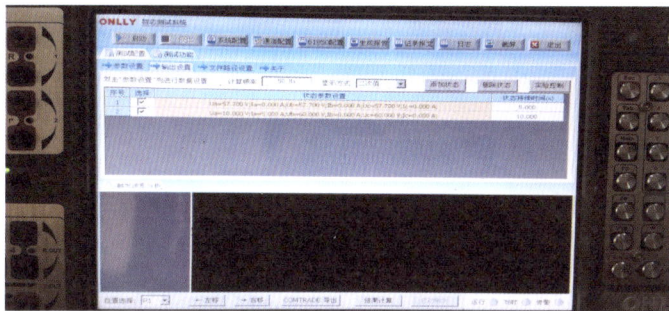

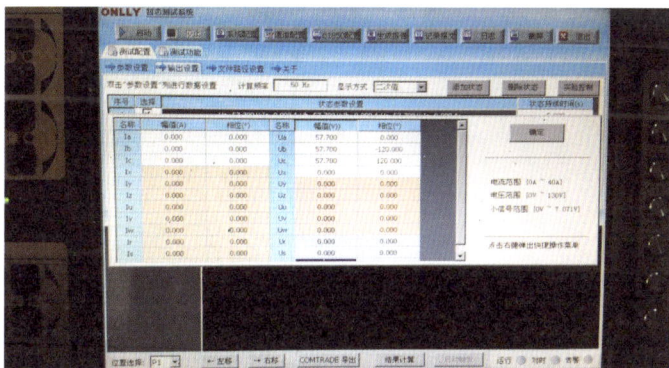

三　手持式数字测试仪使用介绍

1. 测试仪外观检查

检查内容：下图所示为某测试仪外观，开始试验前先检查测试仪面板按键是否完好，液晶屏是否能正确显示，LC 和 ST 的光纤口有无损坏，以及 SD 卡口是否完好。

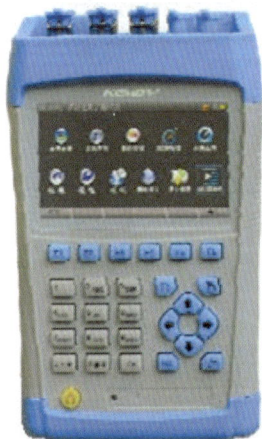

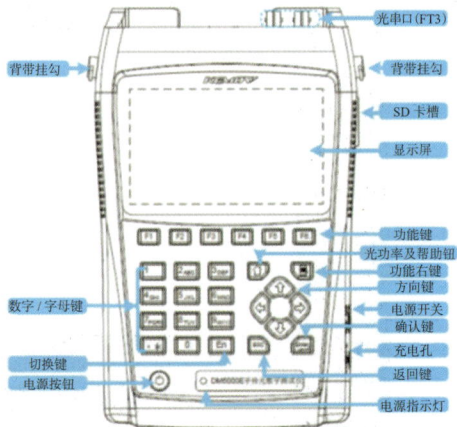

测试仪的正视图、俯视图和侧视图如下图所示。

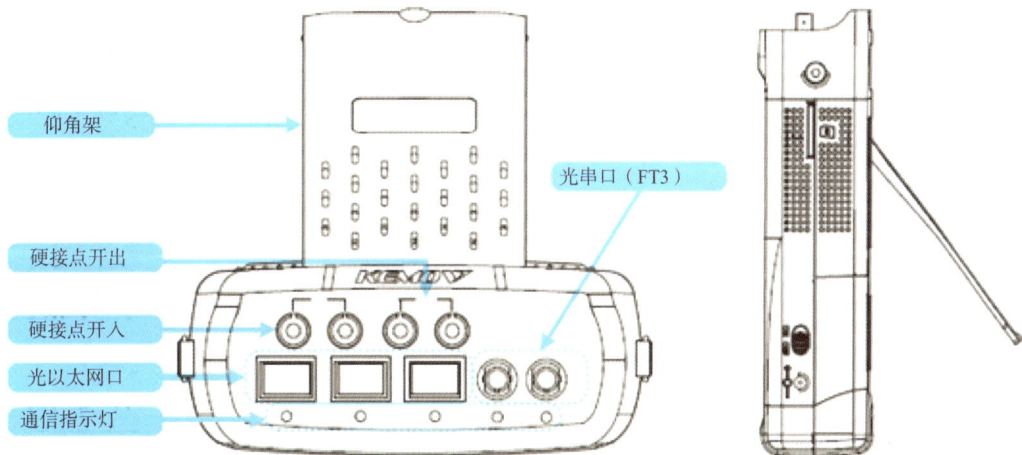

仰角架

硬接点开出

硬接点开入

光以太网口

通信指示灯

光串口（FT3）

2. 某测试仪开机界面介绍

某测试仪的主界面如下图所示,分为 12 个功能模块:电压电流、状态序列、SMV 接收、GOOSE 接收、核相、极性、对时、网络报文、智能终端、串接侦听、MU 同步性、光功率,按方向键可在各功能模块之间切换。

3. 仪器及各功能模块使用方法

（1）设置。×××测试仪的使用主要是通过对各模块进行相应的操作实现的，而各模块的使用离不开正确设置测试仪的基本参数。测试仪主要有基本设置、SMV 发送设置、GOOSE 发送设置、GOOSE 接收设置等几个参数设置项。在主界面下按"设置"菜单对应的功能键F1进入设置页面，根据需要完成本测试仪测试所需设置。

（2）基本设置。设置页面的第一页就是基本设置页面，如下图所示。基本设置主要设置全站配置文件、电压／电流通道一次／二次值的缺省值。

设置项	设置值
全站配置文件	无
电压一次额定缺省值(kV)	500.0
电压二次额定缺省值(V)	100
电流一次额定缺省值(A)	3000
电流二次额定缺省值(A)	5
MU额定延时缺省值(μs)	750
硬接点防抖时间(ms)	10
GMRP设置	□ 使用GMRP

（3）全站配置文件导入。在全站配置文件设置栏按 Enter 键，可显示本机或 SD 卡上的全站配置文件（后缀为 kscd），如下图所示。其中，红色高亮显示的是本机当前配置的全站配置文件，绿色高亮显示当前光标处的全站配置文件，按 Enter 键可直接设置为本机配置文件，按"删除"对应的功能键 F2 可删除当前配置文件。按"导入"对应的功能键 F6 可从 SD 卡上选择性导入一个或多个后缀为 kscd 的全站配置文件至本机。

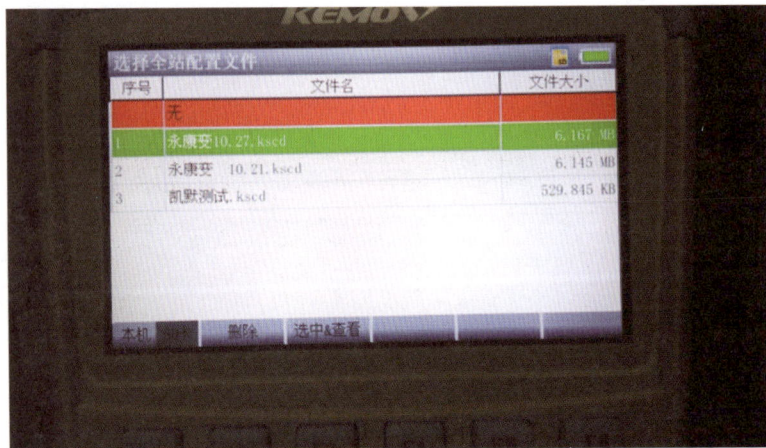

（4）IED 配置。基本设置页面下按 F2 键进入导入 IED 页面，如右上图所示。通过导入 IED 进行配置，会极大地方便 SMV 及 GOOSE 的发送 / 接收设置。可通过页面下查找功能，选择 IED 设备，双击选择的 IED 设备，进入 IED 连线图页面，如右下图所示。在该页下可对 IED 关联图进行放大、缩小及图片保存。按 F6 键导入本 IED，可选择将本 IED 作为被测对象（测试仪接收）导入还是作为模拟对象（测试仪发送）导入，对于保护装置，一般作为被测对象导入，对于 MU 一般作为模拟对象导入。选择完成后，将自动配置好测试仪的 SMV 发送、SMV 接收、GOOSE 发送、GOOSE 接收等信息，但是对于光网口、测试通道的配置，还需要在另外模块实现。

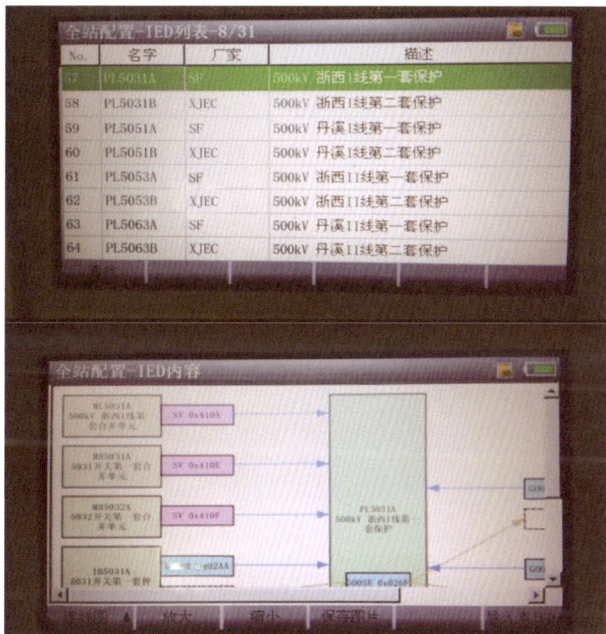

4. SMV发送设置

DM5000E 内置 12 路电压、12 路电流，分为 3 组，即 Ua1/Ub1/Uc1/Ux1，Ia1/Ib1/Ic1/Ix1 为第 1 组，Ua2/Ub2/Uc2/Ux2，Ia2/Ib2/Ic2/Ix2 为第 2 组，Ua3/Ub3/Uc3 /Ux3，Ia3/Ib3/Ic3/Ix3 为第 3 组。12 路电压、12 路电流可根据需要映射到多个 SMV 采样值控制块同时输出，SMV 发送设置主要影响"电压电流""状态序列"两个功能模块。

（1）在设置页面，按 F1 选择 SMV 发送设置，进入下图所示界面。图中 SMV 发送 1 等是根据发送需要设置添加的 SMV 块，添加方法是点击添加 SMV 对应的 F2，测试仪支持 3 种方式添加 SMV：从全站配置中选择添加 SMV、从扫描列表中选择添加 SMV、手动添加 SMV。常用的是从全站配置中选择 SMV：选中"从全站配置中选择 SMV"，按 Enter 键后自动显示全站配置文件中的 SMV 控制块，按 Enter 键选择 / 取消当前高亮 SMV 控制块，根据需要选择好 SMV 后按 Esc 键返回，可看到所选择的 SMV 发送列表。最大支持添加 20 个发送SMV 块。

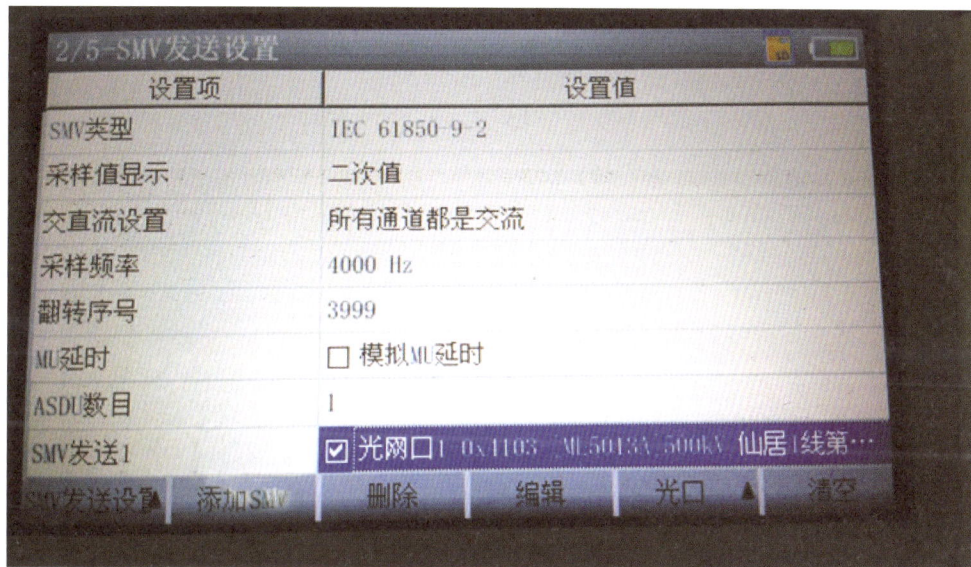

　　（2）在 SMV 发送控制块参数界面下方先点击 F4 对应的编辑按钮，按功能菜单"控 / 通"对应的功能键 F1，可继续编辑该 SMV 控制块通道参数，如下图所示，可根据需要添加 / 删除通道，编辑修改通道名称、通道类型、所属相位、一次 / 二次额定值、通道映射关系。

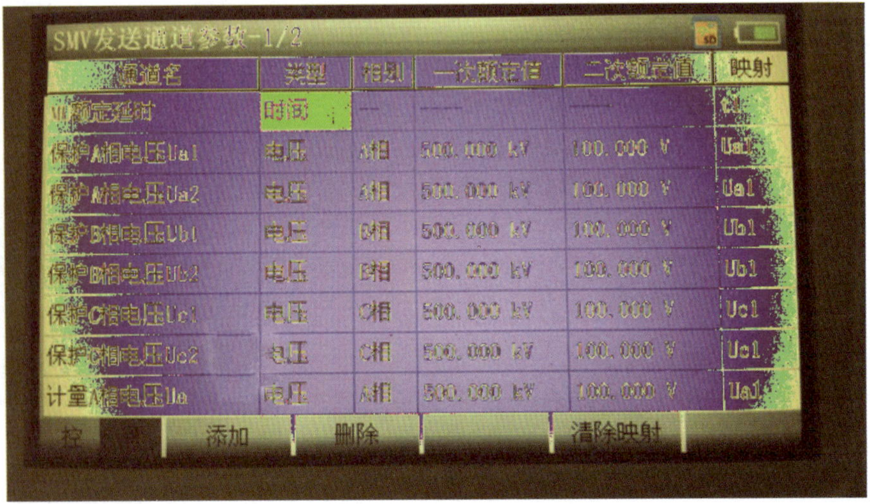

（3）添加设置好 SMV 发送参数后，得到 SMV 发送列表，发送列表可最多添加 20 个 SMV，按 F3 键删除 SMV，F4 键编辑 SMV。DM5000E 最大支持同时发送 4 组 SMV 报文，在 SMV 发送列表中只有选中的 SMV 才会按设置好的控制块参数及通道参数发送，按可选中/取消 SMV。按 F5 键可设置各采样值控制块的发送光口，光口从左至右的编号为 1~3。

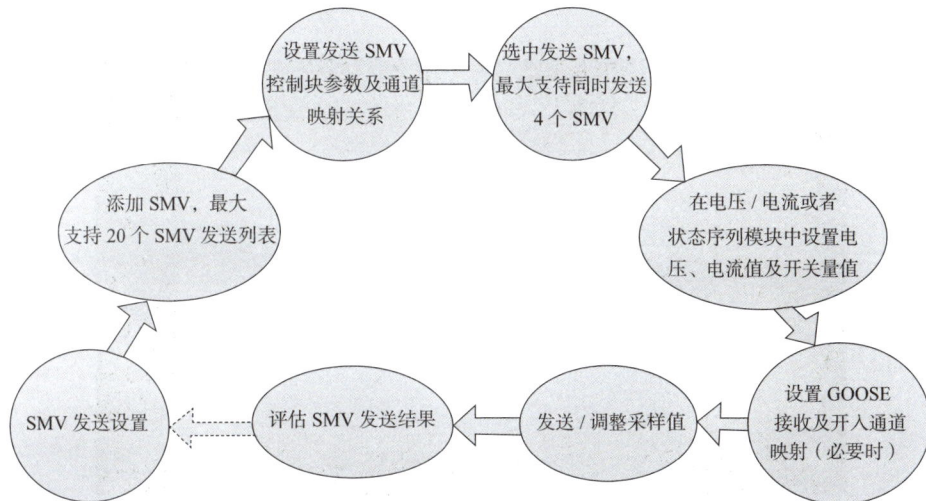

5. GOOSE发送设置

GOOSE 发送设置主要影响"电压电流""状态序列"两个功能模块下 GOOSE 报文的发送。

（1）在设置页面中，按 F1 键选择"GOOSE 发送设置"，进入 GOOSE 发送设置界面，如下图所示。发送心跳间隔 T0（ms）：设置 GOOSE 心跳报文间隔时间 T0，单位为 ms，缺省值为 5000。发送最小间隔 T1（ms）：设置 GOOSE 变位发送间隔时间 T1，单位为 ms，缺省值为 2。

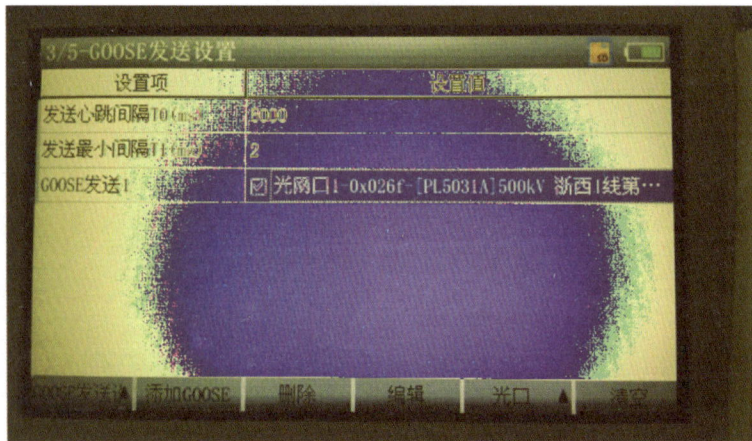

（2）在 GOOSE 发送设置界面按 F2 键弹出添加 GOOSE 选择框，选择最常用的从全站配置中选择 GOOSE，按 Enter 键后自动显示全站配置文件中的 GOOSE 控制块，如下图所示，按 Enter 选择 / 取消当前高亮 GOOSE 控制块。根据需要选择好 GOOSE 后按返回，可看到所选择的 GOOSE 发送列表。

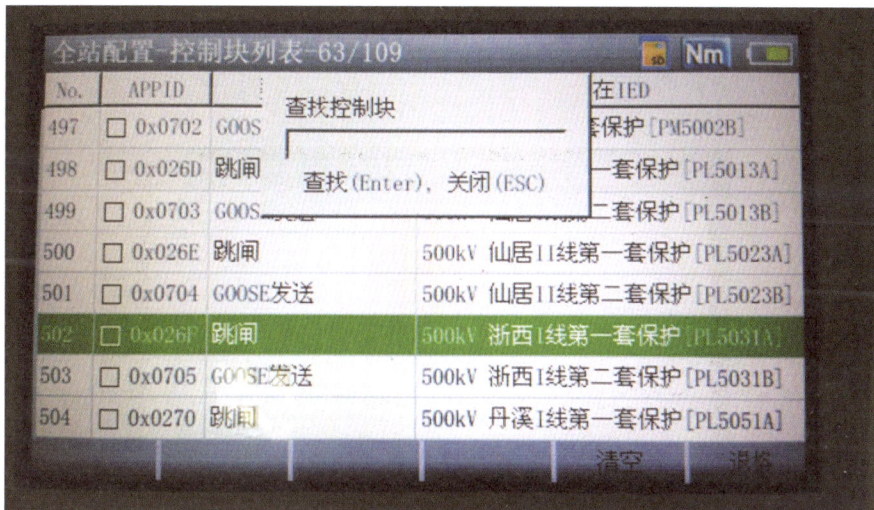

（3）在 GOOSE 发送控制块参数界面下方，按 F3 键删除 GOOSE 块，F4 键编辑 GOOSE 块。点击 F4 键对应的编辑按钮，在 GOOSE 发送控制块参数界面下方按功能菜单"控 / 通"对应的功能键，可继续编辑该控制块通道参数，可根据需要添加 / 删除通道，修改通道数目，编辑通道类型，更改设置 GOOSE 条目需要映射的 GOOSE 开出，如下图。DM5000E 最大支持同时发送 4 组 GOOSE 报文，在 GOOSE 发送列表中只有选中的GOOSE 才会按设置好的控制块参数及通道类型发送，按 Enter 可选中 / 取消 GOOSE，按 F5 键可进行 GOOSE 发送光口的设置。

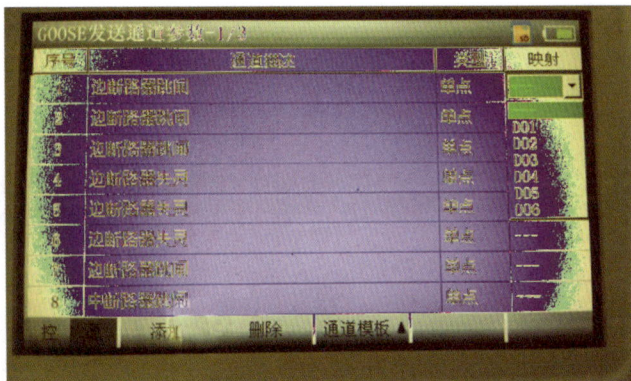

（4）GOOSE 开出映射：测试仪设有 6 个 GOOSE 开出 DO1～DO6，在电压电流、状态序列功能模块中可设置每一状态的 DO1～DO6 的状态，在智能终端测试中，可用于测试 GOOSE 开出转 GOOSE 开入或 GOOSE 开出转硬接点的传输延时。GOOSE 的发送测试过程总结如下图所示。

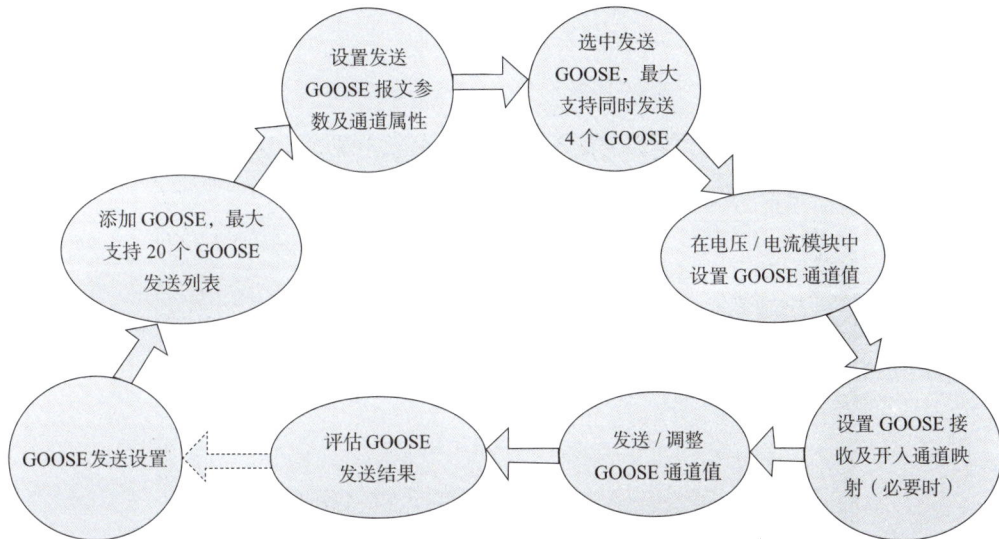

6. GOOSE 接收设置

GOOSE 接收设置主要设置"电压电流""状态序列"功能模块测试中开关量反馈输入 GOOSE 通道与 DM5000E 内置的 8 个数字 DI 通道的映射关系，便于直观地了解测试结果。GOOSE 接收设置不影响 GOOSE 报文监测功能。GOOSE 接收设置主要用于接收保护装置的跳闸反馈、测控装置的操作出口反馈等。

（1）在设置界面中按 F1 键选择 GOOSE 接收设置，进入 GOOSE 接收设置界面，如下图所示。按"添加"功能菜单对应的 F2 键可选择从实时扫描列表或全站配置文件中添加 GOOSE 控制块，最多可添加 20 个 GOOSE 控制块。

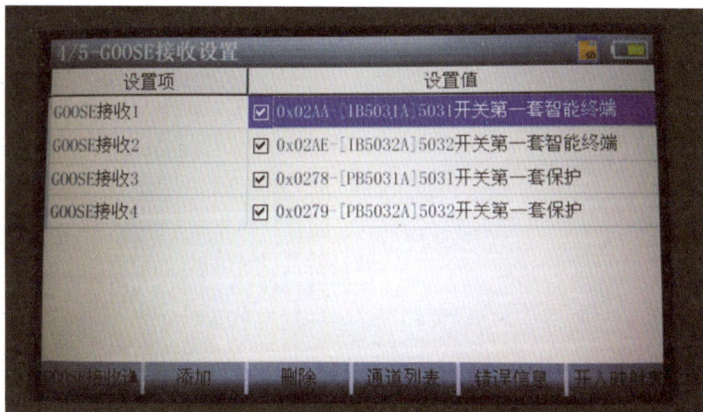

（2）移动上下方向键选择 GOOSE 控制块，按 Enter 键，可选中该 GOOSE 控制块。按通道列表对应的功能键 F4，可选择 GOOSE 通道，如下图所示。移动上、下方向键，按 Enter 键可选择对应的开入映射接点 DI1～DI8。

序号	通道描述	类型	映射
1	5031开关	双点	DI1
2	5031开关	时间戳	DI1
3	断路器总位置（分合与逻辑）	双点	DI2 DI3
4	断路器总位置（分合与逻辑）	时间戳	DI4
5	断路器总位置（分合或逻辑）	双点	DI5 DI6
6	断路器总位置（分合或逻辑）	时间戳	DI7 DI8
7	断路器总位置（合位或、分位与逻辑）	双点	
8	断路器总位置（合位或、分位与逻辑）	时间戳	

（3）开入配置完成后可在 GOOSE 接收设置页面下按"开入映射表"对应的 F6 键，可以查看已经映射好的开入接点情况，如下图所示。DM5000E 手持光数字测试仪"电压电流""状态序列"功能模块测试中，最大支持 8 个 GOOSE 通道映射。GOOSE 接收设置过程如下图所示。至此所有设置过程完成。

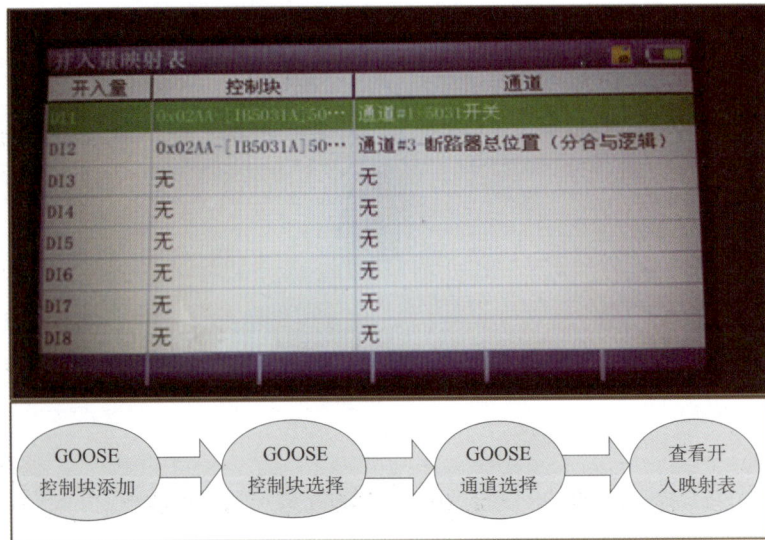